Hans-Heiner Bergmann
Vogelfedern an Nord- und Ostsee

Hans-Heiner Bergmann

Vogelfedern an Nord- und Ostsee

Finden und Bestimmen

Quelle & Meyer Verlag, Wiebelsheim

Bibliografische Information der Deutschen Nationalbibliothek
Die Deutsche Nationalbibliothek verzeichnet diese Publikation in der Deutschen Nationalbibliografie; detaillierte bibliografische Daten sind im Internet über http://dnb.d-nb.de abrufbar.

www.verlagsgemeinschaft.com

Druck und Verarbeitung: Advantage-Printpool GmbH, Gilching

ISBN 978-3-494-01492-0

Inhaltsverzeichnis

Einführung

Tief die frische Luft einzuatmen, am Meer entlang zu wandern – das gehört für den Besucher zu den schönsten Erlebnissen an der Küste. Auch das Meer hat seinen Atemrhythmus. Zweimal täglich Hochwasser, zweimal Niedrigwasser; das bestimmt das Bild des Wattenmeers an der Nordsee. An der Ostsee spielen Ebbe und Flut nur eine geringe Rolle, aber der Wind treibt das Wasser seewärts oder landwärts, je nachdem wie stark und aus welcher Richtung er bläst.

Das Meer bietet Lebensraum für viele Vögel. Bei niedrigem Wasserstand fallen endlose Flächen frei, wo ein reiches Nahrungsangebot lockt. Bei Hochwasser rasten die Vögel auf ausgewählten Ruheplätzen. Auch zum Brüten müssen sie festen Untergrund aufsuchen, wie Salzwiesen, Dünen, Felsen oder den Strand. Viele aber fliegen zur Brutzeit in die Arktis und bauen ihre Nester in der Tundra, fern vom Meer. Sie nutzen die Nord- und Ostseeküste nur als Zwischenziel und Trittstein zum Rasten und zum Auftanken ihrer Energievorräte, die sie für ihre Wanderungen benötigen.

Vögel sind meist in Bewegung. Um sie beobachten zu können, muss man in der Regel ein Fernglas oder ein Fernrohr verwenden. Aber auch so herangeholt können sie jederzeit davonfliegen und den Beobachter enttäuscht stehen lassen. Doch manchmal hinterlassen sie ihm eine Feder.

Nach der Brutzeit, im Sommer und vielfach bis in den Winter hinein, rasten die Vogelscharen oft längere Zeit an unseren Küsten, um hier ihr Gefieder zu wechseln.

Sanderlinge und Steinwälzer am winterlichen Strand. Die Küste bietet selbst in der kalten Jahreszeit Lebensraum für viele Vögel.

Oben: Im Spülsaum sammelt sich, was das Meer ausspeit.

Rechts: Manchmal ist der Spülsaum im Sommer geradezu gespickt mit Vogelfedern.

Die zarten Horngebilde sind nach einem Jahr Gebrauch bei Wind und Wetter sowie stetiger Abnutzung reif für eine Erneuerung. Die Mauser der Federn geht nach einem bestimmten Schema vor sich, sodass ihre tragende, wärmende, schützende und Merkmale zeigende Funktion während des monatelangen Vorgangs wenigstens teilweise erhalten bleibt. Die gemauserten Federn sind es, die man manchmal in großer Zahl am Meer finden kann.

Ein Vogel hat viele Federn. Große Vögel wie Schwäne kommen auf 20 000 und mehr. Die meisten Federn sind jedoch klein, sie bedecken Hals und Kopf, etwas größere befinden sich am Körper. An Flügel und Schwanz gibt es etwa 60 große Federn pro Vogel: Hand- und Armschwingen am Flügel, 12 oder mehr Steuerfedern im Schwanz. Während die kleinen Federn meist ungesehen von Wind und Wasser fortgetragen werden, bleiben die großen übrig. Sie liegen im Watt, schwimmen auf dem Wasser und sammeln sich am Wassersaum, wohin sie vom auflaufenden Wasser unter der Wirkung von Ebbe und Flut, Wind und Strömung getragen werden. Man findet sie im Spülsaum wieder, gemeinsam mit vielem anderen, was das Meer von sich gibt: Algen, Seegras, Pflanzenreste aus dem Watt und dem Vorland, Muschelschalen,

Schneckenhäuser, Reste toter Tiere – und leider auch Zivilisationsmüll.

Wer am Meer spazieren geht, der findet solche Spülsäume in besonders reicher Form nach einem Sturm immer dort, wo das Wasser seine Grenze erreicht hat, zum Beispiel am Fuß von Abbruchkanten, an Buhnen und Lahnungen sowie am Fuß der Deiche, auch am offenen Sandstrand. Dort lassen sich auch Federn finden. Viele sind reizvoll gefärbt und interessant geformt. Wem mögen sie wohl gehört haben? Man hält zwar kein lebendes Wesen in der Hand, aber immerhin ein hoch kompliziert gebautes Hautgebilde und zugleich das in Gestalt und Färbung bewundernswerte Ergebnis lebendiger Anpassung. Man darf es betrachten und aufnehmen, ohne den zugehörigen Vogel zu stören.

Beim näheren Hinsehen wird man vielleicht bemerken, dass die Federn vieler Meeresvögel einen herben, etwas moschusartigen Duft tragen. Dieser Geruch haftet umso stärker dem ganzen Vogel an. Es handelt sich nicht etwa um den Geruch von verwesendem Fleisch, sondern um einen normalen Eigengeruch. Am stärksten ist er beim Eissturmvogel und beim Basstölpel sowie ihren Verwandten ausgeprägt, die auch selbst über ein gutes Geruchsvermögen verfügen. Vielleicht dient der Federduft dem gegenseitigen Erkennen und der Verständigung der Vögel.

Dieses Buch gibt Antwort auf die Frage nach der Natur der Federn an Nord- und Ostseeküste. Die wichtigsten und auffallendsten Federn der einzelnen Meeresvogelarten werden abgebildet und beschrieben. Singvögel spielen dabei keine Rolle, weil sie zu klein sind und weil sie keine eigentlichen Meeresvögel darstellen, abgesehen von einigen Arten, die den Strand und die Salzwiesen vorwiegend im Winter bevölkern. Die dargestellten Vögel werden auch als Ganzes abgebildet und ihre Flügel und Schwänze im Text kurz beschrieben, sodass man sich eine Vorstellung davon machen kann, wie die vorgestellten Federn in das Federkleid des Vogels passen. Der Artentext enthält zusätzliche Informationen über das Woher und Wohin des Vogels im Jahreslauf und die Mauser.

Eine Handvoll gesammelter Federn aus dem Spülsaum stellt ein Abbild des Vogelgeschehens an der Küste dar. Welche Vögel sind da? Welche ziehen durch? Mausern sie gerade ihr Gefieder? Wie weit sind sie mit der Mauser fortgeschritten? Halten sie sich schon lange hier auf (wenn die Federn alt und verschlissen sind)? Selbst eine einzige Feder kann dem Kundigen vielerlei Auskunft über ihren Besitzer geben. Welche Flugtechnik hat er verwendet? Wie gut hat er sich ernährt, als die Feder wuchs? War er ein Männchen, ein Weibchen, ein Alt- oder ein Jungvogel, ein Vogel im Pracht- oder Schlichtkleid? Die Wissenschaft weiß heute einer Feder noch mehr Informationen zu entnehmen: Wo auf der Welt sie gewachsen ist, welcher Umweltbelastung sie ausgesetzt war oder mit wem ihr Träger verwandt ist.

Grund genug, den zarten Fund am Strand mit Ehrfurcht zu betrachten.

Ein Steinwälzer streckt seine Flügel nach oben. Die Lücke im Flügel zeigt: Er beginnt eben mit der Mauser des Handflügels.

Dank

Joachim Menzel danke ich für seine engagierte Hilfe und für das Beisteuern von Federn aus seiner Sammlung sowie von Kenntnissen in kritischen Fällen. Gerd-Michael Heinze hat das ganze Manuskript, Rainer Borcherding und Anja Szczesinski haben die Abschnitte über die Federn der einzelnen Arten kritisch gesichtet. Peter Südbeck hat die rechtliche Situation des Federsammelns erkundet.

Die meisten Federvorlagen stammen aus der Sammlung des Autors, zu der eine Reihe von Personen Material beigesteuert haben: Prof. Dr. R. Abraham, Dr. W.-D. Busching, Dr. W. Engländer, M. Ganso, Dr. E. Gerstner, Dr. G. Kooiker, Dr. S. Klaus, Dr. J. O. Kriegs, J. Menzel, J. Sartor, Dr. C. Unger, Dr. M. Wessel, Dr. J. Wiesner und viele andere. Ihnen allen sei für ihr Verständnis gedankt.

Welche Federn findet man?

Man findet im Spülsaum überwiegend die Federn von Wat- und Wasservögeln. Die hier am stärksten vertretene Gruppe ist die der Limikolen oder Watvögel: Von ihnen gibt es viele Arten und an den Küsten manchmal riesige Trupps aus Tausenden von Individuen einer Art. Danach kommen die Möwen, Seeschwalben und Alken, die mit den Watvögeln verwandt sind und oft ebenfalls in großen Gruppen auftreten. Schließlich reihen sich die Entenvögel (einschließlich der Gänse und Schwäne) ein, dazu die Kormorane, Seetaucher, Sturmvögel und Basstölpel. Je mehr Individuen einer Art in einem Gebiet vorhanden sind und je länger sie dort verweilen, desto häufiger wird man ihre Federn finden. Bei der großen Mehrzahl der Funde handelt es sich um einzelne Federn. Die meisten Federn findet man im Sommer und Herbst, wenn viele Vögel mausern. Dabei wird sich das Spektrum der zu einer bestimmten Zeit gefundenen Federn danach richten, welche Federn von den Vögeln im Wattenmeer gerade abgeworfen werden. Vom Großen Brachvogel findet man anfangs im Sommer vorwiegend innere Handschwingen und äußere Armschwingen, später dann mehr und mehr die äußeren Handschwingen und Steuerfedern, weil sie zu einem späteren Zeitpunkt erneuert werden. Von der Ringelgans und einigen anderen Gänsen wird man im Allgemeinen nur Kleingefieder und Schwanzfedern auffinden, weil ihre Flügelmauser nach der Brut noch in der Arktis stattfindet. Doch werden die Körperfedern und die Schwanzfedern, vor allem bei Jungvögeln, über den Winter hin erneuert.

Ein Spaziergang an der Nordsee am Außendeich mitten im Winter; es weht ein kalter Ostwind. Oben am Deich liegt ein alter Spülsaum, den die erste herbstliche Sturmflut Anfang Oktober dort abgelagert hat. Die Federn sind schon unansehnlich geworden, manche fast bis zum Kiel abgenutzt. Doch ein paar Meter weiter unten hat das Meer einen frischen Spülsaum hinterlassen. Und hier liegen auch frische Federn: Schwanz- und Schirmfedern von Brandgänsen, auch Schwanzfedern anderer Enten, aber ebenso Schwingen vom Austernfischer und ganz zierliche vom Alpenstrandläufer. Dazwischen ein paar Möwenfedern und Schwanzfedern vom Steinwälzer, von der Pfuhlschnepfe und vom Kiebitzregenpfeifer. Also gibt es auch jetzt inmitten des Winters schöne und interessante Funde. Man muss nur den richtigen Platz aufsuchen.

An der Ostsee mit ihren weiträumigen Förden und Boddenlandschaften wird man seltener die Federn von Watvögeln fin-

Toter Austernfischer als Winteropfer im Spülsaum.

den, sondern vielmehr die von Enten und Schwänen, wie Bergente, Eiderente, Eisente und Singschwan.

In einem Lebensraum, in dem sich viele Vögel über Wochen und Monate hin aufhalten, kommen auch immer wieder Vögel ums Leben, die dann als Ganzes, als Skelett mit restlichen Federn, als Mumie oder nur als Flügelrest angeschwemmt werden. Unter den Verursachern solcher Funde sind auch Greifvögel, die entweder wie Sperber und Merlin Rupfungen erzeugen – manchmal direkt im Spülsaum – oder wie der Wanderfalke ganze Flügel oder Skelette mit Flügeln und Schwänzen hinterlassen.

Schließlich überqueren auch Landvögel aller Art das Meer, und manche schaffen den Flug nicht und fallen widrigen Winden oder anderen Einflüssen zum Opfer. Selbst wandernde Eulen und Waldschnepfen können im Meer bei Gegenwind ums Leben kommen oder von einem Greifvogel an der Küste geschlagen werden.

Federn werden gemausert, das heißt von den Vögeln abgeworfen und erneuert, wenn sie verbraucht sind. Sie können dann noch ganz frisch aussehen oder auch stark abgenutzt, strähnig und ausgeblichen. Wenn sie eine Weile im Wasser schwimmen oder am Strand angeschwemmt werden und noch mit anderem Material auf dem Sand hin und her driften, werden sie immer unansehnlicher. Sie verlieren schließlich ihre Fahnen ganz und zum Schluss bleibt der Kiel übrig, der keine wesentlichen Erkennungsmerkmale mehr trägt. Wenn man Federn aufsammelt und bestimmen möchte, sollte man möglichst frische und gut erhaltene aufnehmen.

Flügelpaar eines Kiebitzregenpfeifers. Hier hat ein Wanderfalke Beute gemacht.

In vielen Fällen ist es gar nicht das Großgefieder, welches die Vögel bunt macht oder ihnen kontrastreiche Färbungsmuster verschafft. Oft sind gerade die Handschwingen unscheinbar grau und schwarz gefärbt. Es gibt aber Ausnahmen: Die Schwingen vieler Möwen und Entenvögel tragen auffallende Färbungsmuster. Sie fallen besonders ins Auge, wenn sie am Saum des Meeres angespült werden. In diesem Buch werden fast ausnahmslos Federn des Großgefieders beschrieben und dargestellt, also Hand- und Armschwingen sowie die Schwanz- oder Steuerfedern.

Die auf einem Pfosten stehende Uferschnepfe lässt so gut wie nichts vom Großgefieder erkennen.

Im Augenblick des Abflugs werden Handschwingen, Armschwingen und Schwanzfedern sichtbar.

Dieses Buch kann nicht die Vielzahl aller möglichen Federfunde am Meer beschreiben, sondern konzentriert sich auf die Mauserfedern der häufigen und regelmäßig auftretenden Wat- und Wasservögel. Das verwendete Material stammt mehrheitlich von der Nordseeküste in Niedersachsen und Schleswig-Holstein, doch sind an der Ostsee weitgehend dieselben Vögel und Federn zu finden, obwohl dort die Entenvögel und Möwen dominieren.

Wichtige Begriffe zur Federkunde sind im Wörterbuch auf S. 148 zusammengestellt.

Einsammeln von Federn

Federn sind beim Einsammeln an der Küste oft nass oder feucht. In diesem Zustand sollte man sie nicht in eine Papiertüte stecken, weil das Papier feucht wird und dann schnell reißt. Auch Federn einfach in die Mantel- oder Hosentasche zu stecken, ist nicht angebracht. Sie werden dort schnell geknickt oder auf andere Weise deformiert. Am besten ist eine Plastiktüte oder ein Stoffbeutel, deren Öffnung man verschlossen hält, weil der Wind sie sonst herausbläst. Wenn man die Federn auf diese Weise in einen geschlossenen Raum gebracht hat, sollte man sie rasch aus dem Beutel herausnehmen, gegebenenfalls reinigen und dann trocknen. Man kann ihnen durch Streichen mit den Fingern entlang der Fahnen ihre geschlossene Form wiedergeben, sofern sie noch nicht zu stark verschlissen sind. Verschmutzte Federn kann man in warmem Wasser mit Spülmittel reinigen und danach mit dem Föhn trocknen. Deformierte Federn lassen sich in vielen Fällen im Dampfbad wieder in Form bringen.

Ängste wegen Infektionen muss man nicht haben. Weder Vogel- noch Schweinegrippe-Erreger haften an Federn des Spülsaums und sie würden sich dort auch nicht halten. Eine Atemmaske beim Umgang mit solchem Federmaterial ist nicht nötig, es sei denn, man hätte eine spezielle Allergie gegen Feder- oder anderen Staub. Jedoch sollte man, wenn man mit gefundenen Federn oder mit sonstigen Vogelresten umgeht, nicht gleichzeitig sein Frühstücksbrot essen. Wenn man mit der Untersuchung fertig ist, kann es zudem nicht schaden, sich die Hände zu waschen.

Schwanzfedern von Großen Brachvögeln. Links eine Feder im abgenutzten Zustand, rechts eine frische Feder.

Darf man Federn aufsammeln?

Wenn an einem Platz auf einer Sandbank oder an einem Strand eine große Zahl von Vögeln rastet, sollte man sie nicht stören oder verscheuchen, um ein paar Federn aufzusammeln. Sie brauchen ihre Ruhe und verlieren unnötig Zeit und Energie, wenn sie aufgescheucht werden. Man kann solch einen Platz aber aufsuchen, nachdem die Vögel weggeflogen sind, falls er nicht aus anderen Gründen gesperrt ist. Oft ist das Betreten eines Gebiets durch seinen offiziellen Schutzstatus geregelt. In allen Nationalparks dürfen die Ruhezonen nur auf den markierten, zugelassenen Wegen betreten werden. In den Zwischenzonen gilt das in der Brutzeit der Vögel ebenfalls, nur die Erholungszonen sind frei zugänglich, sofern sie nicht in Privatbesitz sind.

Alle wild lebenden europäischen Vögel sind nach internationalem Recht, dem sich auch die Bundesrepublik Deutschland angeschlossen hat, und nach der Bundesartenschutzverordnung besonders geschützt. Man darf sie sich nicht aneignen oder besitzen, es sei denn mit einer offiziellen Ausnahmegenehmigung. Das gilt ebenso für erkennbare Teile dieser Vögel, also auch für die

Nationalparkschild: Ruhezone bitte nicht betreten.

meisten Federn. Wer Federn systematisch sammeln will, der muss bei der zuständigen Naturschutzbehörde eine Ausnahmegenehmigung beantragen. Diese wird im Allgemeinen erteilt, wenn man nachweisen kann, dass die Sammlung der Forschung oder der Lehre dient. Sie ist in der Regel zeitlich und räumlich begrenzt. Ebenfalls streng rechtlich geregelt ist das Vermarktungsverbot: Man darf gefundene Federn nicht in den Handel bringen. All diese Regelungen haben ihre Geschichte: Wenn jemand einen schönen bunten Vogel gern in präpariertem Zustand bei sich zu Hause haben möchte, könnte er ihn einfach schießen oder fangen und umbringen und dann behaupten, er hätte ihn am Strand gefunden. Da mit solchen Dingen viel Missbrauch getrieben worden ist, hat der Gesetzgeber strenge Maßnahmen dagegen vorgesehen. Es gibt in der Tat einen schwarzen Markt für gewisse Federn, zum Beispiel weil Menschen sich gerne mit Federn von großen Greifvögeln schmücken.

Einen Sonderstatus haben jagdbare Vögel. In diesem Buch sind das Höckerschwäne, Wildgänse, Wildenten, Säger und Möwen sowie Waldschnepfen und Fasane. Formalrechtlich darf nur der zuständige „Jagdausübungsberechtigte“, das ist der Jäger, solche Tiere oder ihre Teile in Besitz nehmen. Wenn man das als Normalbürger tun will, benötigt man wieder eine Ausnahmegenehmigung, diesmal nach der Bundeswildschutzverordnung. Die Genehmigung wird von der zuständigen Jagdbehörde ausgestellt. Wer also am Strand von Norderney die Armschwinge einer Bergente findet und in Besitz nehmen will, der wird mit ziemlich viel Bürokratie konfrontiert.

Was man auch gut machen kann: Man kann Federn fotografieren, statt sie dauerhaft in Besitz zu nehmen. Am besten legt man sie dazu auf einen einheitlichen, neutral gefärbten Hintergrund, sodass helle Partien und Säume sich abheben. Man kann die Beleuchtung so wählen, dass Strukturfeinheiten besser herauskommen. Die Abbildungen in diesem Buch sind mit einem Scanner hergestellt worden. Die in diesem Buch abgebildeten Federn stammen aus einer behördlich genehmigten Sammlung.

Wie bewahrt man Federn auf?

Vogelfedern bestehen aus Keratin. Das ist ein sehr widerstandsfähiger, elastischer Eiweißstoff, den die Vögel selbst herstellen. Er ist verwandt, aber nicht identisch mit dem Keratin unserer Haare, unserer Finger- und Zehennägel. Wir können ihn nicht verdauen und die meisten anderen Organismen auch nicht. Doch gibt es einige Spezialisten, die dieses widerstandsfähige Proteinmaterial abbauen können. Teils tun sie das mithilfe von Mikro-Organismen, die in ihrem Darm leben. Mottenlarven gehören zu den Nutzern des Keratins. Sie fressen Federn und leben davon. Es kann für aufbewahrte Federn dramatische Folgen haben, wenn sie für solche „Schmarotzer“ zugänglich sind. Manchmal bleibt nach einiger Zeit nur der Kiel übrig. Man muss gesammelte Federn, um sie längere Zeit aufbewahren zu können, nicht unbedingt vergiften, aber möglichst

- trocken und unzugänglich aufheben, zum Beispiel in verschließbaren oder verschweißten Plastikbeuteln oder -hüllen; schon ein verschlossener Briefumschlag ist hilfreich;
- regelmäßig kontrollieren, ob sie noch in Ordnung und nicht befallen sind.

Wenn sich doch ein Zeichen von Befall ergibt (es kann sich auch um Federlinge, Käfer, Milben oder Pilze handeln), dann ist es nützlich, die Federn eine Zeit lang in der Tiefkühltruhe einzufrieren, unter Umständen zwei Mal nacheinander. Der Abwehr unerwünschter Mitnutzer an den Federn dienen auch Globol und andere zur Mottenabwehr genutzte Produkte.

Ende der Pracht: Von den meisten Federn bleiben nur die Kiele. Flügel einer Spatelente nach Milbenfraß.

Nicht alles lässt sich bis zur Art bestimmen

Beim Austernfischer geht es noch am leichtesten. Die Federn sind relativ typisch, sowohl was die Handschwingen als auch die Armschwingen und die Steuerfedern angeht. Nur mit denen von Uferschnepfen oder Steinwälzern kann man sie verwechseln, jedoch sind diese kleiner. Austernfischerfedern sind häufig zu finden. Man kann sich gut in sie einsehen. Und glücklicherweise gibt es in Europa nur eine einzige Austernfischerart. Hier kann man kaum fehlgehen. Ähnlich ist es mit der Eiderente. Ihre Federn sind recht typisch, und die nächsten Verwandten der Eiderente leben weit genug entfernt, sodass man mit ihren Federn bei uns nicht rechnen muss. Aber leider gilt dieses Prinzip nicht für alle Vögel der Küste. Es gibt zahlreiche Vogelgruppen, die mit mehreren ähnlichen Arten vertreten sind. Dazu gehören beispielsweise:

- Fluss- und Küstenseeschwalbe (die große Brand- und die sehr kleine Zwergseeschwalbe sind leichter zu unterscheiden, vor allem nach der Größe)
- Silber- und Sturmmöwe (die selteneren Mittelmeer- und die Steppenmöwen sollen hier nicht diskutiert werden)
- Kleine Strandläufer (eine ganze Menge Arten)
- Großer Brachvogel und Regenbrachvogel
- mittelgroße Enten
- Seetaucher

Die Liste ließe sich noch erweitern. Bei manchen Funden wird man schon froh sein, wenn man sie bis zur Gattung bestimmen kann: zum Beispiel Brachvogel, Ente, Großmöwe oder Seeschwalbe. Wenn das Material nicht reicht, überhaupt nicht zu den hier vorgestellten Arten passt oder nicht gut genug für eine Bestimmung erhalten ist, dann muss man es eventuell bei einem bescheidenen Ergebnis bewenden lassen. Man muss nicht unbedingt alles bis zur Art bestimmen. In manchen Fällen genügt es auch, die Federn später wieder zu betrachten, wenn man mehr Erfahrung gesammelt oder mehr von ihnen gesehen hat. Manchmal hilft auch ein anderer Tag mit anderem Licht. Und schließlich: Bei einer Faust oder einem Beutel voll aufgesammelter Federn sollten immer etliche übrig bleiben, die man nicht selbst, sondern die nur ein Spezialist bestimmen kann.

Bei einigen Arten wird man sogar leicht über das Bestimmen der Art hinaus gelangen. Das gilt dann, wenn Männchen und Weibchen sehr verschiedenes Gefieder haben, Junge ein ganz anderes Kleid tragen als die Altvögel oder sich das Prachtkleid sehr vom Schlichtkleid unterscheidet.

Ausgeprägte Altersunterschiede bei Kleidern bestehen zum Beispiel bei Möwen. In solchen Fällen ist es hilfreich, ein normales Vogel-Bestimmungsbuch mit möglichst detaillierten Abbildungen zurate zu ziehen.

Zum Gebrauch des Buches

In diesem Buch werden die typischen Federn nach dem Vorbild eines klassischen Feldführers jeweils auf einer Tafel pro Art vereint. Die nahe verwandten Arten werden, wenn möglich, zusammen gruppiert. Auf verwechselbare Arten wird im begleitenden Text eingegangen. So wird man beim Austernfischer den Hinweis finden, dass es Schwanzfedern mit schwarzer Endbinde auch noch bei der Uferschnepfe, beim Kiebitz, beim Steinwälzer und bei jungen Lach- und Zwergmöwen sowie – in größerer Ausführung – bei der Brandgans, der jungen Dreizehenmöwe und bei jungen Großmöwen gibt. Diese Federn haben zwar als gemeinsames Merkmal die dunkle Endbinde, doch unterscheiden sie sich im Einzelnen durch ihre Größe und Form, die Ausbildung der Binde und die weitere Färbung der Feder. Viele dieser Merkmale werden nicht im Text beschrieben, sondern sind allein in den Abbildungen ersichtlich. Pro Art oder Kleid werden in der Regel sieben verschiedene Federn abgebildet: eine äußere und eine innere Handschwinge, eine äußere und eine innere Armschwinge, eine Schirmfeder und zwei verschiedene Schwanzfedern. Das macht für das ganze Buch bei 60 Arten immerhin über 400 verschiedene Federn aus.

Ein leichteres Spiel hat derjenige, der Federn eines Vogels noch im Zusammenhang auffindet, zum Beispiel in einer Rupfung oder als ganzen Flügel. Dann weiß man schon, dass diese Federn zusammengehören und kann sie leichter auf der zugehörigen Tafel finden.

Ansonsten wird man sich anhand der Tafeln allmählich selbst schu-

Der Basstölpel hat sowohl im Flügel als auch im Schwanz noch einige schwarze jugendliche Federn. Er dürfte im 3. Lebensjahr sein. Im Alterskleid sind alle Armschwingen und Schwanzfedern weiß.

len und wenn man die ersten Federfunde bestimmt hat, wächst der eigene Erfahrungsschatz immer mehr und es fällt leichter, die gängigen Federn zu erkennen. Ist man erst einmal geschult, kann man schwierigere Probleme in Angriff nehmen. Die Freude am Sammeln und Bestimmen und die Neugier auf neue Federn sollte man sich dabei nicht nehmen lassen.

Die Artentexte gehen über die Abbildungen hinaus. Sie enthalten u. a. weitere Kommentare zu den Gestalten und Färbungsmustern der Federn. Man braucht diese Informationen deswegen, weil zu jeder Vogelart nur einige typische Federn abgebildet sind. Besonders die Federn von Jugendkleidern und die Geschlechterunterschiede sind nicht oder nur beispielhaft in den Abbildungen dargestellt. Zusätzliche Informationen im Text betreffen die Art des Vorkommens der Vögel: Sind sie Brutvögel, Sommergäste, Durchzügler oder Jahresvögel? Mausern sie das Großgefieder an unseren Küsten? Dies muss man wissen, um zu verstehen, in welcher Häufigkeit welche Federn im Spülsaum oder anderswo im Wattenmeer oder an der Küste zu finden sind.

Die Texte sind anhand von Federsammlungen geschrieben worden, in denen die Federn in richtiger Reihenfolge nebeneinander angeordnet sind. So lassen sich Änderungen im Färbungsmuster innerhalb der Armschwingen, Handschwingen oder Schwanzfedern zusammenhängend darstellen. Die gefundene Einzelfeder muss gedanklich in diese Variationsreihen eingeordnet werden.

Im folgenden, speziellen Teil dieses Buches sind die Federn sowohl im Text beschrieben als auch auf Abbildungstafeln dargestellt. Auf jeder Tafel sieht man in der Regel eine Reihe von untereinander angeordneten Flügelfedern und daneben zwei senkrecht dazu angeordnete Schwanzfedern. Meist stammen die Federn von einem einzigen Vogelindividuum. In einigen Fällen sind Federn verschiedener Individuen auf einer Tafel zusammengestellt, beispielsweise eines Jung- und eines Altvogels. Dazu sind die einzelnen Federn auf der Tafel gekennzeichnet, z. B. mit „alt“ oder „jung“ oder mit dem Zeichen für Männchen (♂) oder Weibchen (♀). Die Flügelfedern sind meistens entsprechend ihrer natürlichen Anordnung am Flügel von außen nach innen untereinander aufgereiht. Dabei handelt es sich in der Regel um folgende Federn:

- Handschwinge 10: Das ist meist die äußerste und eine der längsten im Handflügel.
- Handschwinge 1: Das ist meist die innerste und kürzeste im Handflügel.

- Armschwinge 1: die äußerste Armschwinge, der innersten Handschwinge unmittelbar benachbart.
- Armschwinge aus dem inneren Armflügel, z. B. Nr. 10.
- Schirmfeder, noch weiter innen am Ellbogen angesetzt.

Die Zählung der Schwingen an Hand und Arm ist im Wörterbuch (S. 148) erklärt.

Die Zahl der Steuerfedern liegt meist bei sechs auf jeder Seite, in manchen Fällen erreicht sie auch sieben, acht oder mehr. Bei den Steuerfedern sind meist die innerste (St 1) und die äußerste dargestellt. Beim Fasan, der Spießente und der Eisente ist die innerste die längste, bei den Seeschwalben mit ihren gegabelten Schwänzen sind jeweils die äußersten Steuerfedern am längsten.

In manchen Fällen wird von der beschriebenen Auswahl und Anordnung der Federn abgewichen. Das gilt dann, wenn entweder die gewünschte Feder in den Sammlungen nicht oder nicht in geeigneter Qualität vorhanden war oder wenn sie zu groß war und nicht auf den Scanner passte, auf dem die Tafeln hergestellt wurden. Beim Höckerschwan, dessen sehr große weiße Federn relativ leicht zu erkennen sind, wurden einige spezielle Federtypen ausgewählt. Alle Abweichungen sind aus der Beschriftung der Tafeln bzw. aus dem begleitenden Artentext zu ersehen.

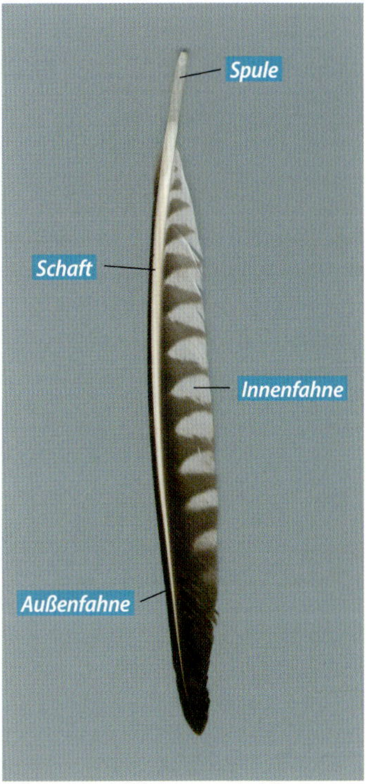

Teile einer Vogelfeder am Beispiel der Handschwinge eines Großen Brachvogels.

Beim Vergleichen der gefundenen Federn mit den Abbildungen im Buch muss man unbedingt den Maßstab beachten, der in jeder Abbildung angegeben ist. Ein Maßstab gilt immer für sämtliche in einer Abbildung dargestellten Federn.

Wer glaubt, schon einige Federn zu kennen, kann das anhand des Federquiz auf S. 146 prüfen.

Höckerschwan *Cygnus olor*

Groß und weiß, so sind auch die Federn.

Federmerkmale: Höckerschwanfedern sind reinweiß und sehr groß. Die Schwingen sind, ebenso wie bei anderen Entenvögeln, gewölbt. Der Schwanz ist in Ruhehaltung verlängert und spitz, entsprechend sind auch die einzelnen Schwanzfedern zugespitzt. Die mittleren Schwanzfedern sind deutlich länger als die äußeren; diese sind schmaler und schärfer nach innen gebogen. Altvögel können beiderseits zehn bis elf Schwanzfedern haben.

Jungvögel sind anfänglich meist hellbraun bis graubraun. Das betrifft die Schwingen ebenso wie die Steuerfedern und das Kleingefieder. Letzteres wird noch im ersten Kalenderjahr in ein weißes Gefieder gemausert. Jungtiere einer bestimmten Mutation (*immutabilis*) sind jedoch bereits im ersten vollständigen Federkleid weiß. Die Pigmentierungsunterschiede der beiden Färbungstypen erkennt man zeitlebens an der Färbung der Beine. Andere Schwanarten sind im Jugendkleid stets graubraun. Sie mausern dann ebenfalls in ein reinweißes Alterskleid.

Vorkommen und Mauser: Der Höckerschwan ist unser größter Wasservogel. Er brütet verbreitet im Binnenland an Stillgewässern aller Art und mausert dort auch. Teilweise wird er als Ziervogel gehalten, in manchen Fällen sogar im Winter eingesperrt. Viele Höckerschwäne leben außerhalb der Brutzeit an den Küsten der Ostsee, wo sie das Großgefieder wechseln und überwintern.

Ähnliche Arten: An der Ostsee findet man zeitweise Federn von Sing- und Zwergschwänen, die aber nicht leicht zu bestimmen sind, da sie gleichermaßen weiß und ähnlich groß sind. Beide Arten haben keine spitzen, sondern gerundete Schwänze. Aus Westeuropa wandern entlang der Küste zwei weitere Arten mit etwas kleineren und weniger gewölbten weißen Federn ein: Seidenreiher und Löffler. Der Silberreiher kommt von Südosten. Die Schwanzfedern des Höckerschwans sind nicht so scharf zugespitzt und nicht so steif wie die des Basstölpels im Alterskleid.

Tafel Seite 86

Graugans *Anser anser*

Mausert schon im Frühsommer.

Federmerkmale: Während die inneren Handschwingen und die Armschwingen dunkelbraun sind, weisen die äußeren Handschwingen eine mehr graubraune Färbung auf. Das Grau ist in den Großen Oberen Handdecken und den weiteren oberen Flügeldecken noch deutlicher. Bei allen Schwingen sind die Kiele bis fast zur Spitze hell. Die inneren Armschwingen und die kaum verlängerten Schirmfedern weisen beiderseits einen 2 mm breiten hellen Saum auf. Die Kiele sind hier hell und färben sich erst zur Spitze hin allmählich braun. Einschließlich der Schirmfedern kann man etwa 28 Armschwingen zählen. Die Großen Oberen Armdecken haben helle Endsäume von etwa 3 mm Breite.

Die Steuerfedern sind erheblich breiter und länger als die der Ringelgans und breiter als die der Weißwangengans, vor allem aber anders gefärbt. Die Fahnen sind mittelbraun bis sepiafarben, tragen jedoch einen bis zu 3 cm breiten hellen Endsaum, der sich auch in die Innenfahne hineinzieht und die Außenfahne als schmaler werdender Rand begleitet. Der helle Saum prägt sich zu den äußeren Steuerfedern hin noch stärker aus, die äußerste (8. oder 9.) Steuerfeder kann fast ganz hell sein. Die Schäfte sind weitgehend hell. Gemauserte Steuerfedern zeigen deutliche Zeichen von Abnutzung. Die typischen großen Körperdecken sind sepiafarben, werden zur Spitze hin dunkelbraun, enden dann aber in einem mehrere Millimeter breiten beigefarbenen Saum.

Vorkommen und Mauser: An den Küsten wie im Binnenland ist die Graugans Brut- und Sommervogel; besonders in wieder angesiedelten Populationen fällt das Zugverhalten aus.

Graugansfedern sind mindestens lokal die häufigsten Gänsefedern an der Küste. Die synchrone Flügelmauser setzt bei Brutvögeln ab Ende Juli ein. Man kann gemauserte Steuerfedern noch in der Mitte des Winters im Spülsaum finden.

Ähnliche Arten: Verwechslungen sind mit den sehr ähnlichen Federn der etwas kleineren Blässgänse (*Anser albifrons*) möglich, doch sind diese kleiner. Außerdem mausern sie in ihren arktischen Brutgebieten. Immerhin findet man im Überwinterungsgebiet Kleingefieder und Steuerfedern.

Tafel Seite 87

Ringelgans *Branta bernicla*

Die kleinste Gans mausert in der Arktis.

Federmerkmale: Die Hand- und Armschwingen der Altvögel sind durchweg an der Spitze schwarz, an der Basis schwarzbraun, besonders an der Innenfahne. Die Handschwingen sind stark gewölbt, wie auch bei anderen Gänsen und den Enten. Sie tragen an der Unterseite beiderseits des Schaftes einen reflektierenden Glanzstreifen. Die Alulafedern sind nicht so lang und sichelförmig wie bei anderen Gänsen. Die Schirmfedern sind leicht verlängert und schwach zugespitzt. Die Steuerfedern, auf jeder Seite acht, sind ebenfalls schwarzbraun und relativ gedrungen, das heißt kurz und breit: Sie erreichen bei einer Länge von nur etwa 10 cm eine Breite von etwa 3 cm. Sie werden bei Altvögeln im Winter erneuert. Steuerfedern, Armschwingen und Obere Flügeldecken sowie die Schirmfedern der Jungvögel weisen helle Endsäume auf, woran man die Jungen auch im Freiland erkennen kann. Solche Federn sind aber relativ selten zu finden.

Vorkommen und Mauser: Dunkelbäuchige Ringelgänse (*Branta b. bernicla*) brüten in der sibirischen Arktis und kommen im Herbst scharenweise nach Westeuropa, um im Wattenmeer und an anderen Küsten zu überwintern. Sie ziehen im April auf die Halligen und von dort Ende Mai zurück nach Sibirien. Flügelfedern findet man in der Regel nicht einzeln, sondern im Zusammenhang eines ganzen Flügels, der von einer toten Gans stammt. Die Erneuerung der Schwingen findet in der Hauptsache in der Arktis an Mauserplätzen statt, die die Vögel nach der Brutzeit aufsuchen. Die Steuerfedern werden aber über den Winter hin erneuert. Die Jungvögel der letzten Saison mausern über den Winter hin ihr Körpergefieder, sodass man bei Wind sieht, wie die Federn aus dem weidenden Trupp über die Flächen hin davongetragen werden. Sie bleiben dann häufig an Zäunen hängen oder hinter Windhindernissen liegen.

Ähnliche Arten: Die Federn der Weißwangengans sind größer und die Decken von Rücken und Oberflügel kontrastreicher als bei der Ringelgans gefärbt.

Tafel Seite 88

Weißwangengans *Branta leucopsis*

Federmerkmale: Der Name Weißwangengans bezieht sich auf das Kopfgefieder; sie wird auch Nonnengans genannt. Die Federn des Großgefieders sind im Prinzip dunkelgrau und zu den Spitzen hin sowie entlang des Schaftes geschwärzt. Bei den äußeren Handschwingen setzt sich aber die Außenfahne grau ab. Gegenüber den dunklen inneren Handschwingen sind die Armschwingen weitgehend grau mit dunklen Enden und einem ganz feinen, lichten Endsaum von nur 1 mm Breite. Das gilt auch für die Schirmfedern. Die Steuerfedern sind tiefschwarz, deutlich länger und relativ schlanker als die der Ringelgans. Dagegen setzen sich die Ober- und Unterschwanzdecken reinweiß ab. Falls man größeres Kleingefieder findet: Beim Altvogel sind die Decken am Rücken und im Oberflügel grau mit einer etwa 1 cm breiten schwarzgrauen Binde vor der Spitze, an die sich noch ein heller weißlicher Endsaum von einigen Millimetern Breite anschließt. Die Deckfedern sind also sehr kontrastreich. Bei den Jungvögeln ist das weniger ausgeprägt. Die Flankendecken sind hellgraubraun mit einem breiten hellen Endsaum.

Die Steuerfedern findet man im Winter.

Vorkommen und Mauser: Die Weißwangengans als Vertreterin der Meeresgänse ist ursprünglich ein Brutvogel der Arktis, hat sich aber in der jüngeren Vergangenheit als Koloniebrüter sowohl im Baltikum als auch in den Niederlanden und zunehmend an den Küsten von Nord- und Ostsee in Deutschland niedergelassen. Umso eher kann man an bestimmten Orten ihre Mauserfedern aus dem Flügel finden. Wie bei Gänsen üblich werden sie bald nach dem Schlupf der Jungen recht synchron abgeworfen und dann so erneuert, dass die Eltern und ihre heranwachsenden Jungen gleichzeitig ihre Flugfähigkeit erlangen. Nur die Steuerfedern und Teile des Kleingefieders folgen bis spät in den Herbst nach. Die Jungvögel erneuern ihr Kleingefieder ab Oktober bis in das folgende Frühjahr hinein. Dabei sind auch Steuerfedern und Flügeldecken eingeschlossen.

Ähnliche Arten: Die Federn der Ringelgans sind kleiner und die Decken von Rücken und Oberflügel nicht so kontrastreich gefärbt.

Tafel Seite 89

Brandgans *Tadorna tadorna*

Sie hat die schönsten Federn am Strand.

Federmerkmale: Die Handschwingen von Brandgänsen, auch Brandente genannt, sind mattschwarz, aber sie haben beim Männchen eine helle, beim Weibchen eine leuchtend weiße Basis. Der Schaft spiegelt die Färbungsverhältnisse der Fahnen wider. Auf der Unterseite der Schwingen hebt sich auf beiden Seiten des Schaftes ein Glanzstreifen ab. Die Armschwingen sind ebenfalls dunkel, jedoch besonders an der Basis und mehr noch an der Innenfahne als an der Außenfahne weiß. An der Spitze warten sie selbst bei Altvögeln mit einem schmalen weißen Endsaum auf, der bei den Weibchen 1–3 mm, bei den Männchen nur etwa 1 mm breit ist oder ganz fehlt. Die Außenfahnen tragen grünlichen Glanz und bilden einen ententypischen Spiegel. Die längsten der Schirmfedern (13–15) ersetzen als einzige den grünlichen Glanz der Außenfahne durch ein lebhaftes Braun, das durch einen dunkelgrauen Saum zum Schaft hin begrenzt sein kann. Die Innenfahne dieser Federn ist weiß. Sie sind die auffälligsten im Flügel der Brandgans. Man findet sie das ganze Jahr über ziemlich häufig, weil sie auch außerhalb der Großgefiedermauser ersetzt werden. Bei den folgenden kürzeren Schirmfedern besteht nur ein schmaler dunkelgrauer Saum an der Außenfahne, sonst sind sie weiß. Die recht breiten Steuerfedern sind weiß, tragen aber einen 1–2 cm breiten, geschwungenen schwarzen Endsaum, der sich auf den Steuerfedern 5 und 6 stark abschwächt und auf der 7. in der Regel ganz fehlt.

Bei den Jungvögeln tragen die vier bis fünf inneren Hand- und die Armschwingen einen mindestens 1 cm breiten weißen Endsaum. Beim jungen Weibchen fehlt den Armschwingen in den Außenfahnen der grünliche Glanz des Spiegels, bei den Männchen ist er schwach entwickelt. Die Schirmfedern weisen weniger Braun und viel Grau auf.

Vorkommen und Mauser: Brandgänse sind Jahresvögel an unseren Küsten und brüten in Höhlen sowohl auf den Inseln als auch auf dem küstennahen Festland. Sie sind zudem schon erfolgreich entlang der großen Flüsse ins Binnenland vorgedrungen – sogar bis in die Schweiz. Brandgänse treffen sich zur Vollmauser im Sommer in großen Scharen in den Watten im Bereich der Elbemündung, vor allem bei der Insel Trischen und an der Mündung der Oste. Die früheren Mauserplätze beim Großen Knechtsand zwischen Elbe- und Wesermündung sind mehr oder weniger verwaist. Die in der Nähe der aktiven Mauserplätze liegenden Spülsäume sind im Spätsommer gespickt mit ihren Federn, zum Teil bestehen sie nur aus solchen Federn. Man kann die fast ganz schwarzen Schwingen der Altvögel gut von den Armschwingen und den inneren Handschwingen der vorjährigen Jungvögel unterscheiden, die an der Spitze breit weiß gesäumt sind. Zu anderen Jahreszeiten treffen sich Brandgänse oft auf Rastplätzen in den Salzwiesen oder im Grünland, wenn Hochwasser herrscht. Hier hinterlassen sie Federn des Kleingefieders, manchmal auch Schwanzfedern.

Tafel Seite 90

Pfeifente *Anas penelope*

Federmerkmale: Die Handschwingen sind durchweg dunkelgraubraun, mit einer schwachen Aufhellung an der Basis der Innenfahne. Die 9. trägt eine Außenfahnenverengung an der Spitze, die 10. eine Verengung der Innenfahne. Bei den Armschwingen stellt sich bei den Männchen ein tiefdunkler, grün schillernder Spiegel auf der basalen Hälfte der

Gesellige Weidegänger im Grünland.

Außenfahne dar. An ihrer Spitze fällt ein etwa 2 mm breiter heller Saum auf. Bei der 10. oder 11. Armschwinge ist die Außenfahne teilweise weiß. Die Schirmfedern sind besonders auf der Außenfahne tiefschwarz, nur der Schaft und ein schmaler Saum auf der Außenfahne heben sich hell ab. Die Großen Oberen Armdecken sind bei den Erpeln grau, am Ende tragen sie eine breite tiefschwarze Binde und der größte Teil der Außenfahne ist weiß. Diese Federn bilden das weiße Flügelfeld, das bei fliegenden alten Erpeln gut sichtbar ist. Bei den Weibchen und Jungvögeln ist dieses Muster nur angedeutet. Die Schwanzfedern sind betont dunkelgrau mit hellen Spitzen und werden nach außen hin heller. Die mittlere Schwanzfeder überragt die anderen und ist stärker zugespitzt. Im Flugbild zeigt sich der verlängerte spitze Schwanz.

Vorkommen und Mauser: Pfeifenten sind Brutvögel Skandinaviens und Russlands, kommen aber außerhalb der Brutzeit in großen Scharen an den Küsten vor, vor allem von September bis April. Sie sind gesellige Weidegänger wie Gänse. Die Mauser der Schwingen erfolgt im Sommer bis in den Herbst hinein.

Ähnliche Arten: Verlängerte spitze Schwanzfedern findet man auch bei der Spießente.

Tafel Seite 91

Krickente *Anas crecca*

Das Kleingefieder des Männchens ist bunt.

Federmerkmale: Die Krickente ist mit 350 g Körpergewicht die kleinste europäische Ente. Alle Flügelfedern sind ausgesprochen zierlich. Die Handschwingen sind durchweg dunkel-graubraun, die Schäfte eingeschlossen. Sie tragen durchgehend auf der Unterseite auf beiden Seiten des Schaftes einen Glanzstreifen. Bei den Armschwingen tritt ein cremefarbener Endsaum mit einer Breite bis zu etwa 4 mm auf. Der Spiegel ist bei den äußeren Armschwingen als tiefschwarze Färbung der Außenfahne zu erkennen, gewinnt aber zu den Schirmfedern hin mehr und mehr einen leuchtend grünen Glanz.

Die Schirmfedern selbst sind verlängert, zugespitzt und fast schwarz mit einem feinen hellen Saum von 1–2 mm Breite an der Außenfahne; der Schaft kann sich schwarz hervorheben. Eine einzelne Schwinge im Übergang zwischen Spiegel und Schirm trägt bei den Männchen in fast voller Länge der Außenfahne ein auffallendes schwarzes, hell gesäumtes Feld. Die beiderseits je sieben kleinen Steuerfedern sind ebenfalls sehr dunkel, die zugespitzten Enden weisen einen schwachen lichten Saum auf. Besonders bei den Weibchen können ein paar helle Flecken auf den äußeren Steuerfedern auftreten.

Vorkommen und Mauser: Die Krickente teilt sich in eine kleine mitteleuropäische Brutpopulation und viele Überwinterer aus Norden und Osten auf, die schon ab Juli einfliegen. Die Mauser des Flügelgefieders beginnt ebenfalls im Juli. Sommerliche Mauserversammlungen der Vögel finden sich vorzugsweise in Außendeichgebieten der Küste und der Flussmündungen.

Ähnliche Arten: Bei der etwas größeren Knäkente (*Anas querquedula*) sind die Schäfte der etwa gleich langen Schwingen auffallend hell abgesetzt.

Tafel Seite 92

Stockente *Anas platyrhynchos*

Prachtkleid des Männchens, betrifft nur Kleingefieder.

Federmerkmale: Die Handschwingen sind braun mit einem Stich ins Sepia. Die Schäfte heben sich farblich kaum von den Fahnen ab. Die 10. Handschwinge hat eine Verengung an der Spitze der Innenfahne, die vielleicht für den pfeifenden Flugschall verantwortlich ist. Die 9. Handschwinge hat eine Einbuchtung an der Außenfahne, wodurch die Spitze der 10. freigestellt wird. Diese Eigenschaften sind typisch für Entenflügel, aber bei den einzelnen Arten unterschiedlich ausgeprägt.

Besonders bezeichnend sind die Armschwingen, die mit ihren Außenfahnen einen auffälligen, blauviolett schillernden Spiegel bilden. Der Spiegel wirkt grünlich, sobald die Federn feucht sind. Die Innenfahnen sind graubraun, die Federspitze hat ein leuchtend weißes Band. Die Großen Oberen Armdecken zeichnen sich durch ihre Sepiafarbe und ein weiß-schwarzes Endband aus. An die zehn Armschwingen schließen sich die breiten und verlängerten Schirmfedern in bräunlicher Farbe an, die nichts mehr zum Spiegel beitragen. Die beiderseits acht Steuerfedern sind zugespitzt und hell graubräunlich mit einem breiten weißen Endband; die äußeren Steuerfedern sind beinahe weiß; die Schäfte heben sich dunkel ab. Kennzeichnend sind auch die eine Locke bildenden beiden Zierfedern oben auf dem Schwanz der Erpel. Beim Weibchen fehlen diese, die äußeren Steuerfedern sind nicht so hell wie bei den Erpeln, sondern stärker marmoriert mit groben Flecken.

Vorkommen und Mauser: Die Stockente ist häufiger Brutvogel und Wintergast. Sie bewohnt Binnengewässer aller Art außerhalb und innerhalb von Siedlungen, ist aber auch an allen Küsten einschließlich des Wattenmeers jederzeit anzutreffen. Die Mauser beginnt im Frühsommer mit dem Kleingefieder. Sobald das Schlichtkleid angelegt ist, schließt sich die Flügelmauser an, auf die schon im Spätsommer die Ruhemauser folgt, die wieder zum Prachtkleid führt. Diese Gefiederfolge ist bei den Männchen besonders augenfällig.

Ähnliche Arten: Die Stockente ist dem Gewicht nach die größte der Schwimmenten und hat demnach auch die größten Federn. Die Spiegelfedern sind bei beiden Geschlechtern unverkennbar. Bei den übrigen Weibchenfedern sind jedoch Verwechslungen mit Löffelente, Schnatterente und Spießente möglich.

Tafel Seite 93

Spießente *Anas acuta*

Federmerkmale: Die Handschwingen sind hellbraun bis braun mit schwarzbraunen Spitzen. Die Armschwingen des Männchens tragen auf der Außenfahne einen matten schwarzgrünen Glanz, der zur Federspitze hin durch einen geschwungenen, weißlichen und bis zu 8 mm breiten Saum begrenzt wird. Dieser schließt

Lange Schwanzspieße im Prachtkleid des Männchens.

sich zu einem weißen Hinterrand des geöffneten Flügels zusammen. Dagegen geht der rostbraune Vorderrand des Spiegels auf die Großen Oberen Armdecken zurück. Die Schirmfedern sind graubraun mit scharf abgesetztem schwarzem Mittelstreifen. In der Schulter gibt es im Prachtkleid verlängerte und asymmetrisch zugespitzte Zierfedern mit einem schwarz-weißen Längsmuster und teils grau gewellter Basis.

Beim Weibchen ist der Spiegel in den Armschwingen nur angedeutet und ihm fehlt der dunkelgrüne Glanz. Die inneren Armschwingen haben an der Stelle des Spiegels sogar ein feines schwärzliches Fleckenmuster auf braunem Grund. Die Schirmfedern sind brauner als beim Männchen mit ähnlich kontrastreichem Längsmuster. Beim Erpel sind die mittleren Steuerfedern im Prachtkleid stark verlängert, schwarzbraun und zugespitzt; sie können 20 cm lang werden. Beim Weibchen und im männlichen Schlichtkleid sind sie viel kürzer.

Vorkommen und Mauser: Die Spießente ist Brutvogel sowohl in Nordamerika als auch in Eurasien. In Mitteleuropa brütet sie relativ selten, kommt aber als Gastvogel und Durchzügler regelmäßig und häufiger vor und rastet dann an den Flachküsten des Meeres sowie auf überschwemmten Wiesen. Die Mauser erfolgt im Spätsommer, der mitteleuropäische Durchzug erst danach.

Ähnliche Arten: Sehr lange mittlere Schwanzfedern gibt es auch bei der männlichen Eisente im Prachtkleid.

Tafel Seite 94

Reiherente *Aythya fuligula*

Federmerkmale: Die inneren Handschwingen haben eine helle Außenfahne, doch erreicht die Aufhellung weder die Basis noch die Federspitze. Den äußeren 3 bis 4 Handschwingen fehlt diese Aufhellung auf der Außenfahne; sie sind also überwiegend dunkelbraun und haben lediglich an der Basis der Innenfahnen Aufhellungen. Sie sind am Ende zugespitzt.

Die Federn sind nur wenig kleiner als bei der Bergente.

Alle Handschwingen haben einen dunklen Schaft. Die Armschwingen haben eine hellgraue Basis, das Spitzenviertel ist schwarz, der verbleibende Rest in der Mitte ist weiß. Etwa bei der 10. Armschwinge hört das Weiß auf und zwei weitere Federn sowie die verlängerten Schirmfedern sind dunkel, die ersteren tragen aber auf der Außenfahne einen grünlichen Schimmer. Die Armschwingen haben in der Regel keine hellen Endsäume. Die Steuerfedern, sieben auf jeder Seite, sind bemerkenswert kurz, schmal, zugespitzt und einschließlich der Schäfte schwarzbraun (Altvögel) oder graubraun (Jungvögel). Die mittleren sind etwa 6 mm länger als die äußeren.

Vorkommen und Mauser: Reiherenten sind in Mitteleuropa Jahresvögel, vor allem im Binnenland, und haben sich in jüngerer Vergangenheit ausgebreitet. Die nördlichen und östlichen Populationen ziehen aber aus ihren Brutgebieten ab und überwintern hier, besonders in der westlichen Ostsee. Sie mausern im Herbst und Spätherbst das Großgefieder.

Ähnliche Arten: Reiherenten haben im Flug einen auffallenden weißen Flügelstreif. Das beruht wie bei der Uferschnepfe und dem Austernfischer auf dem Färbungsmuster von Hand- und Armschwingen. Die nahe verwandte Bergente ist etwas größer als die Reiherente; ihre Federn sind sehr ähnlich, doch haben die Armschwingen wenigstens teilweise helle Endsäume und die inneren Armschwingen, Schirmfedern und Armdecken eine sehr feine weißliche Marmorierung. Auch die Samtente hat ein weißes Flügelfeld, das allerdings nur von den Armschwingen gebildet wird; abgesehen davon ist sie sehr dunkel.

Tafel Seite 95

Bergente *Aythya marila*

Federmerkmale: Die Federn der Bergente sind denen der Reiherente bis auf geringe Größenunterschiede sehr ähnlich. Sie sind allerdings im Durchschnitt etwas länger und breiter, was aber beim Einzelfund nicht beurteilt werden kann. Die inneren Handschwingen haben helle Abschnitte auf der

Nichtbrüter mausern früher als Brutvögel.

Außenfahne. Die Aufhellungen sind meist etwas ausgedehnter als bei der Reiherente, erreichen aber auch bei dieser Art weder ganz die Basis noch die Federspitze. Die Armschwingen sind wie bei der Reiherente am Flügelstreif beteiligt. Besonders die inneren Armschwingen und die Schirmfedern tragen im dunklen Spitzenbereich meist eine sehr feine weißliche Marmorierung/Sprenkelung, die bei den alten Männchen am stärksten ausgeprägt ist. Die inneren Armschwingen haben darüber hinaus wenigstens teilweise einen deutlichen, wenn auch feinen weißen Endsaum.

Die beiderseits sieben Steuerfedern sind kurz, schmal und zugespitzt. Sie sind überwiegend schwarzbraun, jedoch tragen besonders die äußeren Steuerfedern alter Männchen auf den Außenfahnen und an den Spitzen eine mehr oder weniger ausgeprägte silbrig-graue Bereifung.

Vorkommen und Mauser: Die Bergente ist ein Brutvogel des Nordens. Sie überwintert aber in großen Scharen in der westlichen Ostsee, in der Nordsee und an der Atlantikküste. Die Schwingenmauser beginnt bei Nichtbrütern schon früh im Sommer, bei erfolgreich brütenden Weibchen aber erst im Herbst im Winterquartier.

Ähnliche Arten: Bergenten sind mit mehr als 1000 g Körpergewicht größer als Reiherenten mit etwa 750 g. Dementsprechend sind auch die vergleichbaren Federn größer. Wo die männliche Reiherente im Prachtkleid einen schwarzen Rücken hat, trägt die männliche Bergente ein prachtvolles, fein silbergraues Wellenmuster. Diese filigrane Musterung erreicht ebenfalls die Flügeldecken. Das wirkt sich aber im Großgefieder nur an den Spitzen der Armschwingen und der Schirmfedern aus.

Tafel Seite 96

Eiderente *Somateria mollissima*

Federmerkmale: Die Schwingen der Vögel der Meeresenten-Gruppe haben eine ausgesprochen gewölbte Form. Die Handschwingen sind gegenüber den Armschwingen nicht so stark verlängert wie bei Möwen oder Watvögeln. Hand- und Armschwingen sind bei den Eiderenten-Männchen durchweg schwarzbraun, ebenso die zugehörigen oberen Decken und die drei großen Federn der Alula. In der Schulter treten bei jungen Männchen weiße Federn auf. Die äußeren

Handschwingen sind zur dunklen Spitze hin verengt und am Ende scharf zugespitzt. Feine Spitzen weisen auch die frischen dunklen Schirmfedern auf, die gegenüber den Armschwingen kaum verlängert sind. Bei alten Männchen werden die Armschwingen nach innen hin fast schwarz, danach folgt eine schwarz-weiß-graue Übergangsfeder zu den Schirmfedern. Diese Übergangsfeder hat eine tiefschwarze Außenfahne, einen weißen Schaft und eine dunkelgraue Basis an der Innenfahne, der Rest ist cremeweiß. Ebenfalls cremeweiß sind die anschließenden Schirmfedern und ihre Decken. Diese Schirmfedern sind im Übrigen leicht biegsam und verlängert sowie sichelförmig abwärts gebogen, in Richtung der Außenfahne – also reine Zierfedern.

Mauserfedern sind oft stark abgenutzt.

Im inneren Flügel der männlichen Eiderente werden aus den Armschwingen rahmfarbene und auch in der Form veränderte Zierfedern in der Schulter (rechts).

Bei den Weibchen sind die Schwingen bräunlicher. Die äußere Hälfte der Armschwingen hat einen weißen Spitzenfleck oder Außenfahnensaum von ca. 3 mm Breite. Sie sind in ihrer Außenfahne dunkler als in der Innenfahne. Die Schirmfedern sind nur wenig verlängert, aber sehr dunkel. Die sichelförmigen Zierfedern im Schulterbereich haben eine helle Außenkante und einen schwarzen Spitzenfleck. Alle Handschwingen weisen unterseits auf beiden Seiten des Schaftes einen breiten Glanzstreifen auf.

Die beiderseits sieben Steuerfedern des Weibchens sind dunkelbraun sowie recht kurz (10–11 cm) und breit. Sie sind am Ende zugespitzt und neigen zu starker Abnutzung.

Vorkommen und Mauser: Eiderenten sind sehr große Meeresenten, die in kleiner Zahl an der Küste brüten, in großen Zahlen in Ost- und Nordsee überwintern, durchziehen und auch übersommern. Sie sind Tauchenten, die ihre Nahrung meist unter Wasser suchen und die man nur selten an der Wasseroberfläche gründeln sieht. Sie sind zwar keine Flügeltaucher wie die Alkenvögel, sondern bewegen sich beim Tauchen mit den rudernden Füßen vorwärts. Doch sind die Flügel dabei etwas abgespreizt. Deswegen sind die Handschwingen und oftmals auch die Schwanzfedern vor der Mauser in höchstem Maß abgenutzt. Unter den hier besprochenen Meeresenten sind sie die größten. Sie mausern im Hochsommer, die Weibchen etwas später als die Männchen.

Ähnliche Arten: Wegen ihrer Größe sind die Federn der Eiderente nicht leicht mit denen anderer Enten zu verwechseln.

Tafel Seite 97

Eisente *Clangula hyemalis*

Federmerkmale: Die Handschwingen sind alle dunkel, der Schaft hebt sich in seiner Färbung kaum von den Fahnen ab. Die Armschwingen sind nur ein wenig aufgehellt, sodass sich der dunkle Schaft etwas abhebt. Ein Spiegel oder Flügelstreif ist auch nicht andeutungsweise vorhanden. Die verlängerten und zugespitzten vier Schirmfedern sind schwarz und damit noch dunkler als die Armschwingen. Beim Erpel ist die Spitze der Innenfahne der äußersten Handschwinge ein wenig verengt. Dadurch wird die Feder zur Schallschwinge, die einen flugbegleitenden Schall hervorbringt.

Erpel mit überlangen Schwanzspießen.

Der Erpel hat im Prachtkleid wie im Schlichtkleid zwei überlange, spitze und schwarz gefärbte mittlere Steuerfedern, die ohne Weiteres eine Länge von 25 cm erreichen können. Die übrigen sechs Schwanzfedern werden Stück für Stück kürzer und heller, sodass die äußerste 7. Schwanzfeder kurz und fast weiß ist – die einzige helle Feder des Großgefieders, die man aber am Vogel meist nicht zu sehen bekommt.

Vorkommen und Mauser: Eisenten brüten in den arktischen Tundren, überwintern jedoch zahlreich in der Ostsee, weniger häufig in der Nordsee und selten im Binnenland. Es gibt über das Jahr hin vier verschiedene Kleider, die durch vier Teilmausern erzeugt werden. In diesem Rahmen werden auch die meisten Schulterfedern dreimal jährlich erneuert. Das betrifft allerdings nicht die Schwingen, die nur einmal gemausert werden. Dies erfolgt bei den Männchen Ende Juli bis Ende August, bei den Weibchen später.

Ähnliche Arten: Die Armschwingen zeichnen sich durch das Fehlen eines jeglichen Spiegels aus.

Tafel Seite 98

Trauerente *Melanitta nigra*

Hat die ausgeprägteste Schallschwinge.

Federmerkmale: Wenn man großes Glück hat, findet man einmal die äußerste Handschwinge (H 10) einer alten männlichen Trauerente. Sie weist eine starke Verengung in der Spitzenhälfte der Innenfahne auf und ist eine extrem ausgebildete Schallschwinge. Sie erzeugt im Abflug ein lautes Klingeln, das an die trillernden Rufe des Alpenseglers erinnert. Beim Weibchen ist diese Verengung kürzer und schwächer ausgebildet, bei jungen Männchen kaum angedeutet.

Die übrigen äußeren Handschwingen haben eine normale Form, sind aber wie bei anderen Tauchenten gewölbt und zugespitzt. Die Innenfahnen sind kaum aufgehellt und verdunkeln sich an der Spitze wie die gesamte Außenfahne zu einem Schwarzbraun. Bei sehr alten Männchen ist die Außenfahne tiefschwarz. Das gilt auch für die Armschwingen. Ein Spiegel ist allenfalls durch ein wenig Glanz auf den schwarzen Außenfahnen der inneren Armschwingen angedeutet. Die verlängerten Schirmfedern sind beim Männchen tiefschwarz.

An der Unterseite der Handschwingen gibt es einen den Schaft begleitenden Glanzstreifen. Die Armschwingen sind dunkel, sie zeichnen sich am Ende der Außenfahne durch eine angedeutete Ecke aus, bei den ersten drei dafür durch eine Einbuchtung am Schaftende. Bei anderen Enten ist das Außenfahnenende mehr gerundet.

Die schwarzen Schwanzfedern, sieben bis acht auf jeder Seite, sind schmal und zugespitzt. Die mittleren sind am längsten, nach außen hin werden sie kürzer. Der Schwanz ist lang und spitz und wird oft leicht über die Wasseroberfläche angehoben getragen.

Vorkommen und Mauser: Trauerenten kommen im Spätherbst scharenweise aus den nördlichen Brutgebieten zum Überwintern in die Meeresgebiete vor der Küste der westlichen Ostsee und der europäischen Atlantikküste. Sie mausern das Kleingefieder fast das ganze Jahr über, doch die Erneuerung der Schwingen geschieht vor allem im Spätherbst. Dann werden auch die Schwanzfedern gemausert, die aber anscheinend im Frühjahr mit dem Kleingefieder nochmals erneuert werden.

Ähnliche Arten: Samtentenfedern sind größer; die Armschwingen haben große weiße Felder.

Tafel Seite 99

Samtente *Melanitta fusca*

Weißer Spiegel im Armflügel.

Vorkommen und Mauser: Die Handschwingen sind größer als die der Trauerente, sämtlich schwarzbraun mit nur schwacher Aufhellung an der Basis bzw. an der Innenfahne. Sie sind am Ende deutlich zugespitzt. Die 10. Handschwinge ist normal ausgebildet, es fehlt jegliche Andeutung einer Schallschwinge (s. Trauerente). Die Armschwingen sind größtenteils perlweiß, nur die erste hat eine schwarze Außenfahne. Bei den übrigen hebt sich das basale Viertel braun ab und am Ende gibt es einen sehr schmalen schwarzen Spitzensaum. Die weiße Färbung der Armschwingen ist im Flug als auffallendes Spiegelfeld und zeitweise auch beim schwimmenden Vogel sichtbar. Die verlängerten Schirmfedern sind schwarz. Die Großen Oberen Armdecken tragen einen gut 1 cm breiten, schräg angesetzten hellen Endsaum. Die Steuerfedern sind schwarzbraun, nicht so stark verlängert und zugespitzt wie bei der Trauerente.

Vorkommen und Mauser: Die Samtente ist als Durchzügler und Wintergast an der Nord- und Ostseeküste häufig. Die Mauser erfolgt vom Sommer bis zum Herbst. Die Vögel tauchen mit weitgehend angelegten Flügeln, doch sind dabei die Alulae abgespreizt.

Ähnliche Arten: Schwarze Entenfedern kommen meist von der Trauerente. Die der Samtente sind gewöhnlich nicht ganz so dunkel wie die der Trauerente. Die Armschwingen unterscheiden sich durch ihr weißes Feld.

Tafel Seite 100

Schellente *Bucephala clangula*

Der Flügel mit dem lautesten Flugschall.

Federmerkmale: Die Handschwingen sind durchweg dunkel. Der Schaft hebt sich fast schwarz von den Fahnen ab. Ähnlich wie die Trauerente hat auch die Schellente die Fähigkeit, klingelnden Flugschall zu erzeugen. Die 10., verschmälerte Handschwinge dürfte dabei als Schallschwinge fungieren. Flugschall ist bei Altvögeln in stärkerem Maß ausgebildet als bei Jungvögeln, am wenigsten bei jungen Weibchen. Dem dürften die Federstrukturen entsprechen. Schellenten sind ausgeprägte Tauchenten, die ihre Nahrung unter Wasser suchen. Dabei sind die Flügel angelegt und der Schwanz stark gespreizt. Das dürfte sich auf den Erhaltungszustand der Federn auswirken. Die Armschwingen sind nach ihrem Färbungsmuster uneinheitlich. Die äußersten vier sind dunkel, mit einer sich vergrößernden eiförmigen Aufhellung von der Spitze der Innenfahne her. Die nächsten Schwingen sind weiß. Die Schirmfedern sind dann wieder so dunkel wie die Handschwingen. Die beiderseits sieben bis acht Steuerfedern sind kräftig, recht breit, schwarzgrau und in frischem Zustand silbrig bereift.

Vorkommen und Mauser: Die Schellente ist Brutvogel vor allem in Skandinavien, dem östlichen Mitteleuropa und in Osteuropa, überwintert aber in großer Zahl an den Küsten der westlichen Ostsee, der Nordsee und an den Flussläufen. Die Großgefiedermauser erfolgt von Spätsommer bis Herbst.

Ähnliche Arten: Die Armschwingen der Samtente sind an der Basis und an der Spitze dunkel. Vergleiche auch die der Säger.

Tafel Seite 101

Mittelsäger *Mergus serrator*

♂ im Prachtkleid zur frühen Brutzeit.

Federmerkmale: Sämtliche Handschwingen sind dunkelbraun, selbst die Fahnenbasis ist kaum aufgehellt. Die Armschwingen sind recht vielfältig gefärbt. Die äußeren vier, oder nur die 2. bis 4., tragen einen rundlichen weißen Spitzenfleck vorwiegend auf der Innenfahne. Danach kommen sechs Armschwingen, deren Spitzenhälfte weiß und deren Basalhälfte dunkel ist; beim Gänsesäger und bei der Schellente sind die entsprechenden Federn ganz weiß. Dem folgen die Großen Oberen Armdecken. Die innersten Armschwingen haben einen schwarz abgesetzten Außenfahnenrand und eine graue Basis. Die Schirmfedern sind dunkelgrau.

Der Schwanz besteht beiderseits aus acht bis zehn Steuerfedern, die von innen nach außen etwas an Größe abnehmen und deren Schäfte ein wenig dunkler sind als die graubraunen, leicht silbrig überflogenen Fahnen.

Vorkommen und Mauser: Der Mittelsäger ist Brutvogel an unseren Küsten, Brutvögel Fennoskandiens überwintern aber auch in großer Zahl. Die Mauser des Großgefieders erfolgt von Sommer bis Herbst.

Ähnliche Arten: Bei der Samtente sind die Armschwingen ebenfalls weiß mit dunkler Basis, haben aber einen feinen dunklen Spitzensaum.

Tafel Seite 102

Gänsesäger *Mergus merganser*

Federmerkmale: Sämtliche weiße Gefiederpartien können beim Männchen wie auch beim Weibchen eine schwach lachsfarbene Tönung tragen, die vielleicht durch die Ausscheidung der Bürzeldrüse zustande kommt. Sie scheint im frischen Gefieder am intensivsten zu sein.

Mit großem weißem Flügelspiegel.

Die Handschwingen sind unscheinbar graubraun. Die äußeren vier Armschwingen sind dunkel mit weißem Spitzenfleck; die folgenden sind einfach weiß. Zum Ellenbogen hin schließen sich einige mit schwarzem Rand an der Außenfahne an. Alle Großen Oberen Armdecken sind „halb und halb“ gefärbt: die Basishälfte dunkel, der Rest weiß. Dennoch sieht man von der dunklen Färbung selbst im gestreckten Flügel nichts. Gänsesäger haben beiderseits bis zu neun silbrig-graubraune Steuerfedern.

Vorkommen und Mauser: Gänsesäger sind als Brutvögel vor allem im Norden und Osten Europas verbreitet. Die wichtigsten Mausergebiete liegen in Nordnorwegen und am Ijsselmeer. Viele überwintern in der Ostsee und in der Nordsee. Die Mauser des Großgefieders erfolgt nach Ende der Brutperiode von Juni bis in den Herbst hinein.

Ähnliche Arten: Die Federn des Mittelsägers sind im Allgemeinen etwas kleiner; es gibt feine Unterschiede bei den Armschwingen.

Tafel Seite 103

Fasan *Phasianus colchicus*

♂ erzeugt ein dumpfes Flügelschwirren.

Federmerkmale: Die Hand- und Armschwingen sind relativ kurz und untereinander annähernd gleich lang, sodass sich daraus ein sehr gerundeter Flügel ergibt, mit dem der Fasan blitzartig starten kann. Man kann besonders die äußeren Handschwingen leicht an ihrer schmalen Form, harten Struktur und an ihrer Wölbung erkennen. Sie sind braun bis graubraun gefärbt und tragen etwa ein Dutzend beigefarbener heller Querbinden, die bei der Henne von beiden Fahnen her bis an den Schaft heranreichen, beim Hahn kürzer sein können. Bei den inneren

Handschwingen und den Armschwingen sind die Binden breiter, aber mit sechs bis acht geringer an Zahl oder können sich zu Längsstreifen umsortieren. Unverkennbar sind die Schwanzfedern, deren mittlere sehr lang sind und spitz zulaufen. Nach außen hin reduziert sich ihre Länge stufig, sodass die 7., die die äußerste darstellt, nur noch etwa 9 cm lang ist. Bei den männlichen Tieren sind die mittleren Steuerfedern noch bunter und länger als bei den Hennen.

Vorkommen und Mauser: Der Fasan, auch Jagdfasan genannt, ist wirklich kein Küstenvogel. Er ist aber im Küstenraum, in Dünen sowie auf Wiesen und Weiden auffallend häufig vertreten. Die Vögel sind manchmal futterzahm, werden aber auch bejagt und für Jagdzwecke gezüchtet und freigelassen. Man findet Mauserfedern und manchmal auch eine Rupfung dieser langschwänzigen Hühnervögel. War dabei ein Säugetier wie etwa ein Fuchs beteiligt, so sind die Federn an der Spule abgebissen, wie auf unserer Tafel ersichtlich ist.

Ähnliche Arten: Eine Verwechslung mit anderen Arten ist kaum möglich.

Tafel Seite 104

Sterntaucher *Gavia stellata*

Federmerkmale: Die Federn des Großgefieders sind recht klein und haben lange Spulen. Die Handschwingen sind tiefschwarz und zugespitzt, die Innenfahnen nur wenig aufgehellt. Die Armschwingen sind ebenfalls schwarz, die inneren wirken am Ende gerade abgeschnitten. Die bräunlichen Steuerfedern sind nicht viel länger als 6 cm, die äußeren schmal, stark gebogen und noch kürzer. Bis auf die äußerste Steuerfeder tragen alle einen hellen Rand. Bezeichnend sind die Deckfedern des Rückens, die im Schlichtkleid auf beiden Fahnen an der Federspitze je einen hellen Längsflecken tragen, bei den Schulterfedern beiderseits sogar zwei Flecken.

Die Handschwingen sind tiefschwarz und spitz.

Vorkommen und Mauser: Sterntaucher sind Brutvögel des Nordens, die von den Brutplätzen schon im Hochsommer abziehen und als Teilzieher den Winter an den Küsten der westlichen Ostsee, der Nordsee und des Atlantiks verbringen. Hier mausern sie im Spätherbst und sind dabei zeitweise flugunfähig. Das Tauchen geschieht vorwiegend unter Zuhilfenahme der Beine. Die Flügel spielen keine besondere Rolle dabei, sind also auch nicht besonderer Abnutzung ausgesetzt.

Ähnliche Arten: Der Prachttaucher ist der nächste Verwandte des Sterntauchers. An der Ostsee tritt er häufiger auf als der Sterntaucher. Die Federn sind etwas größer und nicht ganz so dunkel. Die Armschwingen tragen auf der Innenfahne weiße Säume.

Tafel Seite 105

Prachttaucher *Gavia arctica*

Federmerkmale: Der Prachttaucher ist mit einem Körpergewicht von 2600 g deutlich größer als der Sterntaucher mit 1600 g. Schwingen und Schwanzfedern sind dunkelbraun bis schwarzbraun mit einem schwachen blaugrauen Schimmer. Sie zeichnen sich, wie bei Seetauchern üblich, durch außerordentlich lange Spulen aus. Die Handschwingen sind schwarzbraun, die Schäfte heben sich farblich nicht ab. Lediglich die basale Innenfahne ist etwas aufgehellt. Die äußeren Handschwingen sind stark zugespitzt, die inneren an der Spitze klar abgeschrägt. Die Alula ist unbedeutend. Die Armschwingen, 17 an der Zahl, sind relativ kurz und an der Spitze abgerundet. Bei den äußeren circa fünf ist die Innenfahne zur Hälfte hell abgesetzt. Weiter innen ist das nicht der Fall; die Federn sind einheitlich dunkel mit hell bedunter Basis. Verlängerte Schirmfedern sind nicht erkennbar. Der Schwanz, bestehend aus 16 bis 18 Federn, ist verhältnismäßig winzig und stark gestuft. Die inneren Steuerfedern sind etwa 8 cm, die äußeren nur 6 cm lang, wovon die Spule allein etwa 2 cm ausmacht. Die Steuerfedern sind durch einen mehrere Millimeter breiten hellen Endsaum gekennzeichnet.

Vollmauser in der ersten Jahreshälfte.

Vorkommen und Mauser: Der Prachttaucher ist ein Sommervogel in Nordeuropa und dem nördlichen Asien sowie im arktischen Nordamerika. In der Ostsee übersommern regelmäßig Nichtbrüter. Winterquartiere liegen vor allem in der westlichen Ostsee und in der Nordsee, an der Atlantik- und Mittelmeerküste sowie im Schwarzen Meer. Während eine Teilmauser des Kleingefieders gegen Jahresende stattfindet, folgt eine Vollmauser zwischen Januar und Mai. An der Ostseeküste treten Totfunde häufiger als beim Sterntaucher auf.

Ähnliche Arten: Die Federn des Sterntauchers sind kleiner als die des Prachttauchers. Beim Sterntaucher haben die Schwanzfedern keinen hellen Endsaum, die Schwingen sind schwarz und nicht dunkelbraun.

Tafel Seite 106

Eissturmvogel *Fulmarus glacialis*

Jede Feder trägt einen strengen Duft.

Federmerkmale: Das Gefieder des Eissturmvogels ist im Großen und Ganzen hell silbergrau bis möwengraublau und sehr weich. Es gibt eine helle und eine dunkle Form, doch zeigt das Großgefieder kaum Färbungsunterschiede. Anders als bei Möwen fehlen im Flügel ein heller Flügelhinterrand und schwarz-weiße Spitzenflecken. Sämtliche Handschwingen sind an der Basis hell und werden zur Spitze und zur Außenfahne hin allmählich dunkler. Der Schaft ist nur in der unteren Hälfte der Schwinge hell abgehoben, gegen die Spitze hin passt er sich der Fahnenfärbung an. Die Handschwingen haben auf der Unterseite beiderseits des Schafts einen reflektierenden Glanzstreifen, ebenso wie bei Enten und Gänsen. Die Armschwingen (etwa 10 cm lang) sind kurz, breit und gebogen, in der Basishälfte hell, zur Spitze hin werden sie allmählich dunkelgrau mit leicht bläulichem Schimmer. Das Ende ist gerade oder schräg abgeschnitten und hat einen sehr feinen weißlichen Saum, wie auch die Handschwingen. Die Schirmfedern sind bei gleicher Färbung nur wenig länger. Die Steuerfedern sind kurz und breit, ebenfalls blaugrau oder silbergrau mit hellem Endsaum.

Bei den äußeren konzentriert sich die Färbung auf die Außenfahne. Frische Federn des Eissturmvogels duften stark fischig-moschusartig – ähnlich wie die von anderen Sturmvögeln, Basstölpeln und Kormoranen.

Vorkommen und Mauser: Der Eissturmvogel hat sich nach starker Zunahme im Nordatlantik seit 1972 auf Helgoland angesiedelt. Dort brüten jetzt etwa 100 Paare in lockeren kleinen Kolonien. Außerhalb der Brutzeit sind die Vögel auf der Nordsee unterwegs. Sie breiten sich auch in der Ostsee allmählich aus. Sie profitieren von dem Beifang, den die Fischer ins Meer werfen. Die Mauser des Großgefieders setzt bei den Brutvögeln im Sommer ein und kann bis in den Winter andauern. Nach Stürmen können Überreste der Vögel häufig am Strand oder im Spülsaum gefunden werden.

Ähnliche Arten: Keine.

Tafel Seite 107

Basstölpel *Sula bassana*

Erreicht das Alterskleid mit fünf Jahren.

Federmerkmale: Die längsten Handschwingen sind mehr als 30 cm lang. Im inneren Handflügel verkürzen sie sich rasch auf knapp 20 cm. Sie fallen dadurch auf, dass sie am Ende zugespitzt sind. Die Armschwingen, etwa 25 an der Zahl, sind sämtlich ungefähr 15 cm lang. Die Steuerfedern sind extrem ausgebildet, besonders die mittleren sind lang konisch zugespitzt und hochstabil. Nach außen hin nimmt die Länge der Steuerfedern stufig ab. Der Schwanz ist dadurch stark keilförmig.

Der anfänglich dunkelbraune, weiß gefleckte Jungvogel ist bereits im zweiten Kalenderjahr im Körpergefieder aufgehellt, doch sind dann die Schwingen und Steuerfedern noch dunkelbraun. Das komplette Alterskleid wird erst im 5. Kalenderjahr erreicht. Erst dann sind die Armschwingen und die Steuerfedern weiß. Gefundene Schwanzfedern von Basstölpeln können also ganz unterschiedlich lang und gefärbt sein, sind aber wegen ihrer Form und ihrer hohen Stabilität in allen Alterskleidern unverkennbar.

Beim Jungvogel sind die Schwingen genauso wie die Schwanzfedern im Spitzenteil schwarzbraun, sie hellen sich nur im basalen Drittel auf. Dem passen sich die Schäfte an. Nur bei den Schwanzfedern reicht die helle Färbung des Kiels fast bis in die Spitze.

Beim Altvogel sind die Handschwingen dunkel mit aufgehellter Innenfahne, die Armschwingen sind weiß. Dunkel sind in der Hand auch die Großen Oberen Handdecken und die Alulafedern. Im frischen Zustand sind alle diese Federn schwarzbraun, im gebrauchten Zustand braun. Sie verströmen einen kräftigen Geruch. Der fliegende Altvogel hat einen schwarzen, länglich dreieckigen Handflügel, ist aber sonst weitgehend weiß, abgesehen vom hell orangefarbenen Kopf. Auch die Steuerfedern sind vollkommen weiß und ebenso die Kiele – von der Spule über den Schaft bis in die Federspitze hinein. Alle Federn des Tölpels wirken oberseits matt und etwas samtig, da sie dachziegelartig von aufgerichteten Federstrahlen bedeckt sind.

Vorkommen und Mauser: Der Basstölpel ist ein Hochseevogel, der in der Deutschen Bucht erst seit 1991 brütet – allein auf der Felsinsel Helgoland. Man kommt auf der Insel nicht so leicht an große Federn von ihm heran. Aber hin und wieder wird an der Nordseeküste ein solcher Vogel tot angespült oder man kann anderswo Teile eines Flügels und des Schwanzes sowie einzelne Schwingen auffinden.

Die Vögel sind hoch spezialisierte Stoßtaucher, die sich aus der Höhe mit angelegten Flügeln ins Wasser stürzen und als Flügeltaucher unter Wasser Fische fangen. Da sie auch zu weiten Wanderungen fähig sind, müssen sie ebenfalls gut fliegen können. Flügel und Schwanz müssen daher sowohl für das Fliegen in der Luft wie auch unter Wasser spezialisiert sein – eine hohe Anforderung. Die Mauser des Großgefieders verläuft langsam und geht von mehreren Mauserzentren aus. Sie beginnt im April und dauert bis Jahresende.

Ähnliche Arten: Keine.

Tafel Seite 108

Kormoran *Phalacrocorax carbo*

Die Federn sind stabil verankert.

Federmerkmale: Das Großgefieder von ausgefärbten alten Kormoranen ist durchweg schwarz, zur Innenfahne und zur Basis hin spielen die Schwingen ins Bräunliche. Die Schäfte sind von der Unterseite her gesehen auffallend dunkelbraun. Die äußeren Handschwingen haben eine Innenfahnenverengung vor der Spitze (H 8–10) oder eine Außenfahnenverengung (H 7–9). Die Armschwingen ändern von außen nach innen hin ihre Länge nur wenig, selbst die längste Schirmfeder hebt sich kaum heraus. Auf ihren Außenfahnen, je weiter zur Schulter hin, desto mehr, bildet sich ein schwacher bronzefarbener Glanz, der aus der Nähe besehen einer lichten Beschichtung ähnelt. Auch die Oberen Flügeldecken und große Teile des Kleingefieders weisen diesen Glanz und einen schwarzen Randsaum auf. Je älter der Vogel, desto mehr Glanz; je älter die einzelne Feder, desto weniger.

Die Schwanzfedern von Kormoranen sind ebenfalls schwarz, nur die Spule ist hell. Die Federn sind ausgesprochen schmal, am Ende gerundet und sehr biegungssteif. Die Spule ist im Vergleich zu dem mit Fahnen besetzten Teil der Feder ungewöhnlich lang. Weil die Feder so fest eingewachsen ist, dürfte das dazu führen, dass die Feder so fest eingewachsen ist, dass man sie bei einem toten Vogel kaum herauszuziehen vermag. Die einzelne frische Feder und noch mehr ein ganzer Flügel oder Vogel strömen einen kräftigen moschusartig-fischigen Geruch aus.

Vorkommen und Mauser: Der Kormoran ist zu allen Jahreszeiten ein häufiger Vogel an den Küsten und brütet besonders in binnenländischen Baumkolonien, nutzt aber auch flache Inseln, z. B. die Insel Heuwiese in der Ostsee, und andere Ersatzobjekte aus. Außerhalb der Brutzeit sieht man die Vögel häufig auf Sandbänken, Schotterinseln, Seezeichen und Pfosten aller Art rasten, zur Brutzeit gilt das besonders für die Nichtbrüter. Wenn sie ihre Flügel zum Trocknen ausbreiten, kann man auch Mauserlücken erkennen. Man findet im Sommer die Mauserfedern angespült.

Ähnliche Arten: Vergleichbare Federn der nahe verwandten, aber seltenen Krähenscharbe (*Phalacrocorax aristotelis*) sind kürzer.

Tafel Seite 109

Austernfischer *Haematopus ostralegus*

Jede Feder ist typisch schwarz-weiß.

Federmerkmale: Die Handschwingen sind durch ihr „scheckiges" Schwarz-Weiß-Muster sehr charakteristisch. Die inneren haben eine weiße Basis und eine schwarze Spitze, wobei das Schwarz auf der Innenfahne weiter zur Basis hin reicht als auf der Außenfahne. In der Handflügelmitte macht sich ein weißer Fleck auf der Außenfahne der Schwingen selbstständig und begleitet nach außen hin von Feder zu Feder schmaler werdend den Schaft nahe der Federspitze. Bei den äußersten beiden Handschwingen bleiben nur ein helles begrenztes Feld auf der Innenfahne und eine kleine Aufhellung des Schaftes im Spitzendrittel übrig.

Bei den Armschwingen sind die Spitzen etwa bis zu einem Drittel der Federlänge abgeschrägt schwarz. Zum Körper hin nimmt das Schwarz mehr und mehr ab, was auch für die oberen Flügeldecken gilt. Die inneren Armschwingen und die zugehörigen Decken sind völlig weiß. Erst bei den Schirmfedern tritt wieder Schwarz auf, das bis zur Spitze reicht.

Austernfischer haben im Schwanz eine breite schwarze Endbinde, die sich über alle Steuerfedern hinzieht und von der Spitze her mehr als ein Drittel der Federlänge einnimmt. Sie verringert sich allerdings zur Schwanzseite hin auf etwa ein Viertel der Federlänge. Die Federn werden überdies nach außen hin etwas kürzer und schmaler. Die schwarze Endbinde des Schwanzes ist breiter als bei Kiebitz, jungen Lachmöwen und der kleineren Uferschnepfe. Im Flugbild ergeben sich beim Austernfischer ein weißer Hinterrücken und Oberschwanz und eine auffallende schwarze Endbinde; außerdem ein schwarzer Flügel mit weißer Binde, die sich zur Flügelspitze hin allmählich abschwächt und innen den Körper nicht erreicht. An der Gefiederfärbung kann man Jung- und Altvögel unterscheiden. Die dunklen

Partien sind bei den Jungen bräunlich getönt, bei den Alten, jedenfalls im frischen Zustand, tiefschwarz.

Vorkommen und Mauser: Der Austernfischer ist ein sehr häufiger, charakteristischer und populärer Küstenvogel, der sogar schon damit begonnen hat, sich an Gewässern im Binnenland anzusiedeln. Er ist schwarz-weiß-rot gefärbt, doch beschränkt sich das Rot auf den Schnabel und die Beine, das Gefieder ist schwarz und weiß. Da Austernfischer bei uns vom Frühsommer bis zum Jahresende mausern und ihre Federn auffällig sind, werden sie sehr häufig im Spülsaum und anderswo an der Küste gefunden. Wenn in strengen Wintern das Watt und die Küste vereisen, kommen geschwächte und kranke Austernfischer als erste ums Leben, andere flüchten nach Südwesten.

Ähnliche Arten: Schwanzfedern mit schwarzer Endbinde gibt es noch bei der Uferschnepfe, beim Kiebitz, beim Steinwälzer und bei jungen Sturm-, Lach-, Dreizehen- und Zwergmöwen sowie – in anderer Ausführung – bei der Brandgans und größer bei jungen Großmöwen.

Tafel Seite 110

Säbelschnäbler *Recurvirostra avosetta*

Im Alterskleid rein schwarz-weiß.

Federmerkmale: Ein schwarz-weißer Watvogel mit sehr langen Beinen – länger als bei allen anderen hier behandelten Watvögeln. Von diesen langen Beinen und dem typischen aufgebogenen und dünnen Schnabel verraten die Federn selbstverständlich nichts. Im weißen Handflügel gibt es ein kennzeichnendes schwarzes Spitzendreieck, das auf den Handschwingen seine Spuren hinterlässt. Die äußerste Handschwinge (10.) ist bis auf eine kleine weiße Basis völlig schwarz. Bei den nach innen folgenden zieht sich das Schwarz allmählich zur Federspitze hin zurück, bei der 3. Handschwinge von innen ist nur die Spitze der Außenfahne noch pigmentiert. Die Großen Oberen Handdecken machen das entsprechend mit. Sämtliche Armschwingen sind cremeweiß, nur die Schirmfedern sind wieder dunkel oder hellbraun pigmentiert. Bei den Jungvögeln tragen sie gegen die Spitze einen graubeigefarbenen Fleckensaum, beim Altvogel sind sie ganz dunkel mit breiter heller Spitze, die dadurch stark der Abnützung ausgesetzt ist. Die Steuerfedern sind weiß (Altvögel) bis grauweißlich (Jungvögel) und haben oft einen schmutziggrauen Spitzensaum.

Vorkommen und Mauser: Säbelschnäbler brüten an Nord- und Ostsee, überwintern hier nur selten. Sie führen nach der Brut etwa von Mitte Juli bis Ende September eine Vollmauser durch. Dazu suchen sie gemeinschaftliche Mauserplätze im Wattenmeer auf, besonders im Jadebusen und am Dollart.

Ähnliche Arten: Keine.

Tafel Seite 111

Kiebitzregenpfeifer *Pluvialis squatarola*

Im Jugendkleid unauffällig.

Federmerkmale: Die Handschwingen wirken harlekinartig gemustert, wenn auch nicht bunt. Von der Spule ausgehend ist der Basalteil der Innenfahne weiß, der Rest dunkel. Die Grenze verläuft schräg durch die Innenfahne vom Kiel nach außen. Bei der innersten Handschwinge ist auch die Basis der Außenfahne weiß, doch löst sich dieses weiße Feld dann ab und wandert nach außen. Es wird von Feder zu Feder schmaler, länger und konzentriert sich mehr und mehr auf den Kiel. Das führt zu einem breiten weißen Flügelstreif, der sich zur Handspitze hin etwas abschwächt. Die Armschwingen sind an der Basis weiß, die äußere Hälfte ist dunkel, die Hell-dunkel-Grenze verschwommen. Ein heller Spitzensaum ist 1–3 mm breit. Die Schirmfedern sind bis auf die Basis dunkel, tragen aber eine verschwommene Bänderung auf der Außenfahne. Sehr charakteristisch sind die braunschwarzen, schmalen und langen Achselfedern, die beim fliegenden Vogel ein schwarzes Achselfeld ausmachen. Die Steuerfedern sind grob quer gebändert, vor allem auf der Außenfahne. Die Bänderung wird aber von der mittleren zur äußersten Steuerfeder hin schwächer, sodass die Steuerfeder 6 fast weiß erscheinen kann.

Die Bänderung ist bei Altvögeln kontrastreicher als bei Jungvögeln. Die Federn sind durchweg kleiner als beim Austernfischer, jedoch größer als bei jedem Strandläufer.

Vorkommen und Mauser: Kiebitzregenpfeifer sind Brutvögel hocharktischer Tundren, aber sie sind die meiste Zeit des Jahres bis in die Tropen unterwegs. Im Wattenmeer halten sie sich zeitweise zum Mausern auf, hier überwintert oder übersommert auch ein Teil der Population. Sie tragen im Frühjahr ein kontrastreiches schwarz-weißes Prachtkleid, sind aber im Schlichtkleid kontrastarm graubraun. Das Großgefieder wird von diesem zweimaligen Wechsel nicht betroffen. Nur die Übersommerer beginnen bereits im Mai, die Handschwingen zu mausern. Da die Vögel häufig einzeln am Saum des Watts rasten und Nahrung suchen, fallen sie eher einem Greifvogel zum Opfer als Goldregenpfeifer.

Ähnliche Arten: Die Steuerfedern des Kiebitzregenpfeifers sind quer gebändert, jedoch kürzer als die von Brachvögeln. Man vergleiche auch diejenigen der Pfuhlschnepfe.

Tafel Seite 112

Goldregenpfeifer *Pluvialis apricaria*

Federmerkmale: Die Hell-dunkel-Färbung in Hand- und Armschwingen ist ähnlich verteilt wie beim Kiebitzregenpfeifer, doch ist die dunkle Tönung eher mattbraun. Im Flug zeigen Goldregenpfeifer einen nur schwach ausgeprägten, diffusen weißlichen Flügelstreif, der sowohl körperwärts als auch zur Flügelspitze hin ausläuft. Die inneren Handschwingen sorgen dafür durch helle Färbung in der Basishälfte der Außenfahne, in den äußeren Handschwingen ist nur eine Aufhellung des Schafts beteiligt. Der Schaft zeigt hier also folgendes Färbungsmuster von der Spule her: hell-dunkel-hell-dunkel. Auf der Unterseite der Feder ist der Schaft ganz hell. Die Armschwingen tragen keinen oder nur einen sehr schwach ausgeprägten Endsaum und eine helle Basis, die von den

Männchen im Prachtkleid in der Tundra.

Armdecken verdeckt wird. Die verlängerten Schirmfedern weisen aber am Saum von Innen- und Außenfahne jeweils ein ausgeprägtes beige-goldfarben getöntes, schräg gestelltes Sägezahnmuster auf.

Die Steuerfedern sind durchweg eng beige-braun quer gebändert. Bei der mittleren Steuerfeder ist die Bänderung durch Pigment zwischen den Bändern fast wegschattiert.

Vorkommen und Mauser: Goldregenpfeifer sind Brutvögel nordeuropäischer Moore, Heiden, Bergwiesen und Tundren. Im Gegensatz zum Kiebitzregenpfeifer halten sie sich kaum im Watt auf, sondern rasten während des Wegzugs und Heimzugs eher im Grünland und auf Ackerflächen, wo sie auch Nahrung suchen. Obwohl sie auch an den Küsten in Scharen beobachtet werden, findet man in den Spülsäumen nur höchst selten einen Flügel oder einzelne Federn. Sie scheinen auch, weil sie bei uns so gut wie immer in Gruppen zusammen halten, gegen fliegende Beutegreifer gut gewappnet zu sein, sodass Rupfungen selten gefunden werden. Die Mauser der Handschwingen beginnt schon im Juni/Juli während der Brut und setzt sich bis gegen Jahresende im Rast- und Wintergebiet fort. Im Frühjahr werden außer dem Kleingefieder innere Armschwingen und mittlere Steuerfedern erneuert.

Ähnliche Arten: Im Vergleich zum Kiebitzregenpfeifer hat der Goldregenpfeifer in den quer gebänderten Steuerfedern viel weniger Signalkontrast aufzuweisen. Das gilt auch für die Schwingen.

Tafel Seite 113

Kiebitz *Vanellus vanellus*

Federmerkmale: Ganz unverkennbar sind die äußeren vier Handschwingen, deren Spitzen verschmälert sind, bei Jungvögeln noch stärker als bei Alten, und sich gleichzeitig durch eine mattbräunliche bis weißliche Aufhellung von der sonst schwarzen Feder abheben. Die inneren sechs Handschwingen sind ganz schwarz, nur die Spule ist weiß und ihre weiße

Früher häufiger, unverkennbarer Vogel.

Färbung erstreckt sich noch ein Stückchen in die dunkle Fahne hinein. Diese Schwingen sind übrigens beim Männchen länger als beim Weibchen und geben dem Flügel eine breitere, lappigere Form. Die Armschwingen mit Ausnahme der Schirmfedern sind schwarz-weiß. Der weiße Basalteil nimmt ein Drittel bis die Hälfte der Federfläche ein, die Schwarz-Weiß-Grenze verläuft aber schräg über die Feder, sodass die Innenfahne sehr viel mehr Weiß hat als die Außenfahne. Die Schirmfedern weisen schon den grünlichen Schimmer des Rückengefieders auf.

Der Schwanz trägt eine breite schwarze Endbinde, die sich von der mittleren bis zur äußersten Steuerfeder hinzieht, allerdings von innen nach außen schmaler wird, von etwa 5 cm innen bis etwa 1 cm außen. Die äußerste Steuerfeder trägt manchmal nur noch einen schmalen schwarzen Fleck auf der Innenfahne. An der Spitze der Steuerfedern schließt sich ein wenige Millimeter breiter heller Saum an. Der Übergang vom schwarzen Endband zum weißen Basalteil kann durch einen bräunlichen Saum markiert sein, der aber manchmal fehlt. Matt orangebraun bis leuchtend orangefarben sind auch die Unterschwanzdecken des Vogels.

Vorkommen und Mauser: Der Kiebitz ist zwar ein bei uns selten werdender Wiesenvogel, er tritt aber zu den Zugzeiten und in milden Wintern auch im Watt und an der Küste auf, und zwar oft in größeren Scharen. Schon im Mai/Juni jedes Jahres sieht man Trupps, die auf dem „Zwischenzug“ oder Frühwegzug unterwegs sind und dann auch bald zu mausern beginnen. Der Kiebitz wirkt insgesamt grünlich-dunkelbräunlich, wenn er sitzt oder steht, aber im Flug zeigt er ein klares Schwarz-Weiß-Muster, das auch die Federn des Großgefieders widerspiegeln.

Ähnliche Arten: Der Kiebitz ist größer als jeder Strandläufer und Regenpfeifer, doch könnte man vor allem die Armschwingen und Steuerfedern mit denen von Uferschnepfen verwechseln; diese sind jedoch kleiner.

Tafel Seite 114

Sandregenpfeifer *Charadrius hiaticula*

Federmerkmale: Wie auch andere Regenpfeifer hat der Sandregenpfeifer dunkle Schwingen mit einem hellen Flügelstreif. Dieser ergibt sich auf den inneren Handschwingen durch ein helles Fenster in der Außenfahne. Dieses Feld verschiebt sich von Feder zu Feder zur Spitze hin und wird gleichzeitig schmaler, sodass es bei den letzten Handschwingen nur eine Aufhellung des Schafts auf dunkelbraunem Untergrund darstellt. Die Armschwingen sind in der Basalhälfte aufgehellt, gegen die Spitze hin aber dunkler. Dieses dunkle Feld wird zum Körper hin schmaler und schwächer, die zwei innersten regulären Armschwingen sind dann fast ganz weiß. Davon heben sich die drei langen Schirmfedern wieder dunkel ab.

3.–6. Steuerfeder mit hellen Endflecken.

Richtig gut kann man die Schwanzfedern unterscheiden. Beim Sandregenpfeifer verdunkeln sie sich zur Spitze hin, dann aber kommt ein weißer Endfleck, der von der Mitte bis zur Steuerfeder 6 hin immer breiter wird. So bilden die Flecken beim Spreizen des Schwanzes einen prächtigen weißen Halbkreis auf dunklem Untergrund. In vielen Bestimmungsbüchern sieht man von diesem Wunder nichts.

Vorkommen und Mauser: Der Sandregenpfeifer ist gegenüber dem Seeregenpfeifer ein noch verbreiteterer Brutvogel der Salzwiesen und anderer flacher Lebensräume an den Küsten, aber auch ein häufig rastender Durchzügler aus dem Norden. Die sommerliche Vollmauser dauert etwa 100 Tage, beginnt teils schon während der Bebrütung und endet spätestens im Oktober.

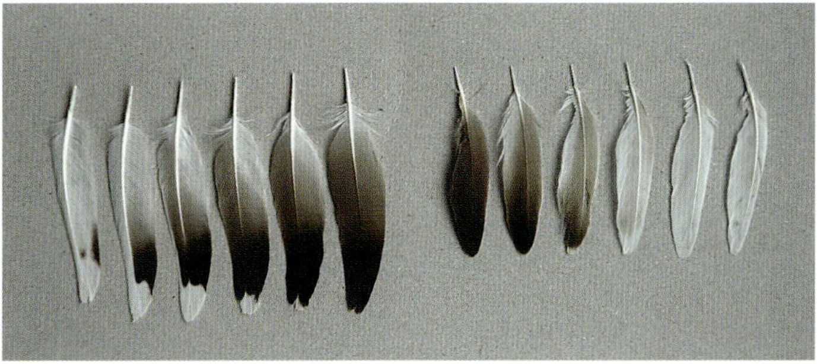

Mehr Federn zum Vergleich: Schwanzfedern eines Sandregenpfeifers (links) und eines Seeregenpfeifers (rechts).

Ähnliche Arten: Seeregenpfeiferfedern sind heller und kontrastärmer als die dunkelbraunen Federn des Sandregenpfeifers. Die Schwanzfedern sind völlig anders gezeichnet.

Tafel Seite 115

Seeregenpfeifer *Charadrius alexandrinus*

Die Federn sind sandfarben und klein.

Federmerkmale: Der Seeregenpfeifer ähnelt in seinen Großgefiedermerkmalen weitgehend dem Sandregenpfeifer. Nur sind die Federn beim Seeregenpfeifer alle hellbraun und etwas kleiner, beim Sand- und Flussregenpfeifer sind sie dunkel. Ein charakteristisches Merkmal ist der vollständig weiße Schaft der 10. Handschwinge. Der weiße Spitzenfleck der Armdeckfedern ist etwas schmaler als beim Sandregenpfeifer. Bei den Armschwingen ist der Kiel durchweg weiß, die Außenfahne dunkel, die Innenfahne weist in der Spitzenhälfte ebenfalls ein verschwommenes dunkles Feld auf, das aber durch einen schmalen, nach innen zu breiter werdenden Endsaum begrenzt wird. Die drei großen Schirmfedern sind wieder dunkel.

Der Schwanz ist beim Seeregenpfeifer kürzer und einfacher gezeichnet als beim Sandregenpfeifer, denn es fehlt der weiße Spitzenfleck. Die Steuerfeder 1 ist dunkel, nach außen hin werden sie heller, die 5. und 6. sind vollständig weiß. Wenn der Schwanz gespreizt wird, ist er daher in der Mitte dunkel und auf beiden Seiten hell umrahmt.

Vorkommen und Mauser: Als Brutvogel der Nordseeküste ist der Seeregenpfeifer durch vielerlei Einflüsse im Rückgang und in seinem Bestand stark gefährdet. In den 1990er Jahren waren nur noch knapp 400 Paare vorhanden. Die Mauser beginnt schon während der Brut und wird dann auf bestimmten Mauserplätzen im Brutgebiet fortgesetzt. Wegen der geringen Zahl der Vögel wird man wenig Gelegenheit haben, ihre Federn zu finden.

Ähnliche Arten: Im Unterschied zum Sandregenpfeifer sind die Federn des Seeregenpfeifers hellbraun und kontrastarm. Die Schwanzfedern sind ganz anders gezeichnet.

Tafel Seite 116

Regenbrachvogel *Numenius phaeopus*

Kleiner als der Große Brachvogel.

Federmerkmale: Die Vögel sind kleiner als Große Brachvögel, und das zeigt sich auch in der geringeren Größe aller Federn. Bei den Handschwingen reicht im Gegensatz zum Großen Brachvogel das grobe Sägezahnmuster der Innenfahne in klarer Form bis zur äußersten (H 10). Bei den Armschwingen schließen sich die hellen Flecke am Schaft oft beinahe zu Bändern zusammen. Die langen dunklen Schirmfedern sind ähnlich schwach kontrastiert wie beim Großen Brachvogel.

Die etwas kleineren Steuerfedern tragen etwa acht dunkle Querbänder, die aber einen geringen Kontrast aufweisen, weil die Zwischenräume nicht hell, sondern bräunlich sind. Dies gilt vor allem für das im geschlossenen Schwanz obenauf liegende mittlere Steuerfederpaar.

Vorkommen und Mauser: Er brütet in Mooren und Tundren des Nordens, ist an unseren Küsten ein häufiger Durchzügler, einzeln oder in kleinen Gruppen, und überwintert an den Küsten Afrikas. Er hält sich auch gerne an Felsküsten und in Küstenheiden auf. Während die Mauser des Körpergefieders schon im Brutgebiet beginnt, wird die Erneuerung des Großgefieders in der Regel auf den Aufenthalt im Winterquartier verschoben.

Ähnliche Arten: Der Regenbrachvogel ist deutlich zierlicher als der Große Brachvogel.

Tafel Seite 117

Großer Brachvogel *Numenius arquata*

Federn im Herbst häufig im Spülsaum.

Federmerkmale: Die Handschwingen sind die längsten Watvogelfedern, die man finden kann; sie können 25 cm Länge erreichen (die Weibchen sind noch etwas größer als die Männchen). Sie zeichnen sich auf dunkelbraunem Grund durch ein grobes weißliches Sägezahnmuster am Saum der Innenfahne aus, das auf der Außenfahne nur bei den inneren Handschwingen angedeutet ist. Das Muster besteht bei der innersten Handschwinge aus etwa sieben bis acht, bei der 7. aus etwa einem Dutzend „Zähnen". Auf den äußeren drei Handschwingen ist es sehr variabel bis hin zur Auflösung. Bei den Armschwingen sind die hellen Flecken auf den Außenfahnen stärker ausgebildet, ihre Zahl ist geringer. Die Schirmfedern sind stark verlängert, die Zahl der hellen Flecken an den Fahnenrändern vergrößert sich entsprechend, aber der Kontrast wird geringer, weil die Flecken besonders auf der Außenfahne dunkler werden. Hier und bei den Steuerfedern kann man bei älteren Federn besonders gut sehen, dass die hellen Zonen sich stärker abnutzen als die pigmentierten. Die dunklen Bänder bleiben also länger erhalten, stehen nach außen vor und bilden treppenartige Säume.

Während bei den Schwingen und vielen Deckfedern der Körperoberseite der Eindruck entsteht, sie seien dunkel mit hellen Bändermustern, kann man die Schwanzfedern besser als hell mit dunklen Querbändern beschreiben. Sie sind mit etwa zehn dunklen Bändern recht gleichmäßig gemustert. Bei den Jungvögeln sind die Federn etwas kleiner und schmaler, die dunklen Bänder breiter und näher beisammen, sodass die Federn insgesamt dunkler wirken als bei Altvögeln.

Vorkommen und Mauser: Der größte Watvogel Europas ist als Brutvogel Mitteleuropas in vielen Regionen gefährdet. Er gehört zu der allgemein im Rückgang befindlichen Gruppe der Wiesenvögel. Außerhalb der Brutzeit halten sich die Vögel scharenweise an der Küste auf, auch um dort zu mausern. Deswegen findet man ihre gut kenntlichen Mauserfedern bis in den Herbst hinein in den Spülsäumen.

Ähnliche Arten: Eine Verwechslung ist nur mit den etwas kleineren Federn des Regenbrachvogels möglich. Quer gebänderte, aber kleine Steuerfedern haben auch die großen Regenpfeifer und die Pfuhlschnepfe.

Tafel Seite 118

Uferschnepfe *Limosa limosa*

Federmerkmale: Anders als die nordische Pfuhlschnepfe wartet die Uferschnepfe in ihrem Gefieder mit kontrastreichen Signalen auf: ein weißer Bürzel mit schwarzer Schwanzbinde und ein breiter weißer Flügelstreif. Bei den inneren fünf bis sechs Handschwingen teilt sich die Fahne in eine äußere schwarze und eine innere weiße Hälfte. Auf der Innenfahne zieht sich das Schwarz am Schaft ein wenig weiter herab als auf der Außenfahne. Bei den langen äußeren Handschwingen verläuft das helle Feld auf der Innenfahne teils mit unscharfem Rand, die Außenfahne ist dunkel. Der Schaft ist bei allen Schwingen weiß. Bei den Armschwingen ist etwa das Spitzendrittel schwarz, der Rest weiß. Die inneren Armschwingen haben einen hellen Spitzensaum, teils ist die ganze Außenfahne weiß. Gänzlich weiße Armschwingen, wie z. B. beim Austernfischer, gibt es nicht. Die Schirmfedern sind dann wieder dunkel, sie tragen in ihrem Spitzenteil eine hellbräunliche Musterung. Die Schwanzfedern sind in der Mitte bis über die Hälfte schwarz. Nach außen hin zieht sich das Schwarz auf den Federn zurück, sodass bei der 6. nur noch ein Drittel an der Spitze schwarz ist. Alle Steuerfedern haben eine aufgehellte Spitze ähnlich wie beim Kiebitz, sind aber deutlich kleiner.

Das Großgefieder ähnelt dem des Austernfischers.

Vorkommen und Mauser: Die Uferschnepfe gehört in Mitteleuropa zu den hochgradig bestandsgefährdeten Brutvögeln des Feuchtgrünlands: ein Wiesenvogel, der trotz vieler Artenschutzbemühungen im Aussterben begriffen ist. Die Vögel mausern ihr Großgefieder bereits um Mitte Juli nach Abschluss der Brut. Vögel, die im Hochsommer an der Küste rasten, z. B. im Deichvorland, hinterlassen dort Mauserfedern, ziehen aber bald ab ins afrikanische Winterquartier.

Ähnliche Arten: Wegen der Übereinstimmung in Merkmalen beim Großgefieder besteht Verwechslungsgefahr mit dem Austernfischer – allerdings sind die Federn der Uferschnepfe kleiner und viel seltener zu finden. Trotz ihrer langen Beine und ihres langen Schnabels wiegt die Uferschnepfe nur knapp 300 g, der Austernfischer aber das Doppelte.

Tafel Seite 119

Pfuhlschnepfe *Limosa lapponica*

Das Großgefieder ist unscheinbar.

Federmerkmale: Die Handschwingen lassen das weiße Feld vermissen, das bei der Uferschnepfe den Flügelstreif bildet. Sie besitzen nichts als eine verschwommene, fleckige Aufhellung der Innenfahne, die aber den Schaft nicht erreicht. Der Schaft ist von der Federbasis her hell, wird aber ab der Federmitte bräunlich; nur bei der äußersten Handschwinge leuchtet er weiß bis fast zur Spitze. Bei den 13 Armschwingen finden sich die gleichen Verhältnisse, nur löst sich das helle Feld auf der Innenfahne als Band vom Fahnenrand ab oder geht ganz verloren. Außerdem haben die Schwingen einen klar abgesetzten, rings um die Spitze ziehenden rahmfarbenen Saum an Außen- und Innenfahne, der sich auch noch bei den inneren Handschwingen findet sowie bei den meisten Deckfedern des Ober- und Unterflügels. Die vier bis fünf Schirmfedern sind ansonsten einheitlich dunkelgrau mit schwarzbraun abgesetztem Schaft, können aber Andeutungen eines Fleckensaums aufweisen. Bei ihnen sind die Säume hellgrau und verschwommen. Im Jugendkleid sind sie mit einem hellen Sägezahnmuster versehen.

Die Schwanzfedern sind ganz anders als die der Uferschnepfe. Sie weisen sechs bis zehn dunkelbraune oder graubraune Querbänder auf hellem Untergrund auf. Bei Altvögeln laufen die Bänder auf der Außenfahne oft zusammen, die mittleren Paare können besonders im Prachtkleid einen hell rostigzimtbraunen Anflug haben. Die Federn haben einen weißen oder hell bräunlichen Spitzensaum, das letzte Band vor dem Federende verklumpt oft zu einem dunklen Fleck. Durch die Bänderung erinnern die Federn etwas an die von Brachvögeln, sind aber mit etwa 8–9 cm bedeutend kleiner. Die des Rotschenkels sind mit 6–7 cm noch zierlicher und haben eine deutlich feinere Bänderung. Bei jungen Pfuhlschnepfen sind die Schwanzfedern schmaler und nicht so bauchig geformt wie bei den Altvögeln.

Vorkommen und Mauser: Die Pfuhlschnepfe ist die nordische Schwester der Uferschnepfe. Bei uns rastet sie an der Küste auf dem Durchzug im Frühjahr und längere Zeit im Herbst bis in den Winter hinein. Die Vögel verteilen sich im Winter auf die westeuropäische und die nordafrikanische Atlantikküste bis Westafrika. An der Nordseeküste halten sie sich im Sommer und Herbst truppweise zur Mauser auf. Die Mauser der Schwingen beginnt hier im Juli und zieht sich etwa drei Monate hin bis Oktober, bei manchen Vögeln auch noch länger. Man kann also den ganzen Sommer und Herbst über Mauserfedern der Pfuhlschnepfe finden. Doch auch während der Frühjahrsrast erneuern die Vögel einige Steuer- und Schirmfedern.

Ähnliche Arten: Die Federn der Uferschnepfe sind wegen des weißen Flügelbandes und der Schwanzendbinde völlig verschieden und nicht verwechselbar.

Tafel Seite 120

Waldschnepfe *Scolopax rusticola*

Federmerkmale: Die Flügelfedern sind dunkelbraun und an den Außenrändern beider Fahnen mit einem regelmäßigen hellbraunen Sägezahnmuster versehen. Das gilt sowohl für alle Handschwingen wie auch für die Armschwingen und Schirmfedern. Die Schirm- und Schulterfedern sind im Gegensatz zu anderen Limikolen nicht verlängert, aber die Zeichnung ist kontrastreicher, oft unregelmäßiger und noch mehr tarnfarbig.

Gefährdet beim Flug über das Meer.

Die Schwanzfedern sind fast schwarz, zum Teil bauchig in der Form, und an der Außenfahne tragen sie durchweg das hellbraune Sägezahnmuster. Sie enden mit einem von der Oberseite her graubraunen

Spitzenfleck, der aber von der Unterseite her klar weiß ist und Licht reflektiert. Er dürfte bei der Balz mit aufgerichtetem gespreiztem Schwanz eine Rolle spielen. Bei Altvögeln sind die Schwanzfedern größer und breiter als bei Jungvögeln, sie haben etwa 11 Sägezähne, bei Jungen sind es 13 oder mehr.

Von oben besehen (links) wirkt der Endfleck an der Schwanzfeder der Waldschnepfe grau, von unten besehen leuchtend weiß (rechts).

Vorkommen und Mauser: Waldschnepfen sind große, aber kurzbeinige waldbewohnende Schnepfenvögel, deren Brutverbreitung weit nach Skandinavien und nach Osten reicht. Da sie darauf angewiesen sind, in feuchtem Boden mit dem langen Schnabel stochernd ihre Nahrung zu gewinnen, müssen die Vögel in der kalten Jahreszeit wegziehen, meist nach Südwesteuropa. Bei ihren Wanderungen über das Meer kommen manche ums Leben. Überraschend häufig findet man im Spülsaum Federn oder ganze Flügel von ihnen, besonders zu Zeiten des Wegzugs im Herbst. Mauserfedern spielen hier keine Rolle.

Ähnliche Arten: Keine.

Tafel Seite 121

Dunkler Wasserläufer *Tringa erythropus*

Federmerkmale: Die Handschwingen besitzen eine fleckige Aufhellung der Innenfahne, die aber den Schaft nicht erreicht. Nur bei den inneren Handschwingen ist der Spitzenteil der Außenfahne quer gebändert – eine Fortsetzung der Bänderung von den Armschwingen. Anders als beim Rotschenkel sind die Armschwingen fast durchgehend mit acht bis zehn dunklen Querbändern auf weißem Grund versehen. Dieses Muster kann man besonders auf der Innenfahne auch als grobes Sägezahnmuster auffassen. Die Schirmfedern sind dunkel und tragen ein helles Sägezahnmuster nur als schmalen Saum. Die hellen Felder können durch Abnutzung auch ausgefräst sein, sodass der Federsaum wie gesägt erscheint.

Jungvogel auf Nahrungssuche.

Die Schwanzfedern sind eng dunkel quer gebändert, doch so, dass die hellen Zwischenbänder teilweise schattiert oder marmoriert sind und nicht durchlaufen, sondern auch hier wie ein Sägezahnmuster in die dunkle Fläche hineinragen. Die Farbverteilung erscheint insgesamt wie eine helle Bänderung auf dunklem Grund. Beim Jungvogel sind wie bei anderen Watvögeln die Schwanzfedern etwas kontrastärmer gezeichnet, schmaler und leicht keilförmig zugespitzt im Vergleich zu den Altvögeln.

Vorkommen und Mauser: Der Dunkle Wasserläufer ist in Europa ein Brutvogel der Arktis und der nördlichen Taiga, er überwintert in Afrika. Von Juli bis September rasten Durchzügler auf Wattflächen und Schlammbänken an unseren Küsten, nur wenige übersommern oder überwintern bei uns. Im Sommer kommen während des Wegzugs zuerst die Altvögel, dann die Jungvögel bei uns an. Die Altvögel beginnen mit der Vollmauser schon im Brutgebiet, unterbrechen sie dann und vollenden die Mauser in den Rastgebieten vor der Ankunft in Afrika.

Ähnliche Arten: Die Armschwingen sind anders als beim Rotschenkel quer gebändert. Wegen der Unterschiede bei den Steuerfedern vergleiche man die Darstellung auf den Tafeln.

Tafel Seite 122

Rotschenkel *Tringa totanus*

Federmerkmale: Am Hinterrand des geöffneten Flügels wird ein breites weißes Band sichtbar, das von den inneren Handschwingen bis zu den Schirmfedern reicht, diese aber nicht mit einschließt. Entsprechend sind die Armschwingen in ihrem Spitzenteil reinweiß, nur die Fahnenbasis ist dunkel und diese dunkle Färbung zieht enger werdend ein Stück den Schaft entlang. Die weiße Färbung reicht in

Altvogel im Prachtkleid auf Wache.

weniger reiner Form noch in die Spitzen der inneren Handschwingen hinein, außerdem erreicht sie als breite, etwas verschwommene Innenfahnenaufhellung auch die Flügelspitze. Der Schaft der Handschwingen ist dunkelbraun, nur bei der 10., der äußersten Handschwinge, leuchtet er weiß. Die Schirmfedern haben ihr eigenes Muster. Im Schlichtkleid im Winter sind sie meist einheitlich dunkel. Im Jugendkleid und ebenso im Prachtkleid im Frühjahr und Sommer dagegen tragen sie auf ihren Außensäumen jeweils ein Sägezahnmuster, dessen Zwischenräume beim Altvogel etwas bräunlich schattiert sind. Sie werden also auch zweimal im Jahr erneuert.

Die Schwanzfedern und ebenso auch die Oberschwanzdecken tragen eine sehr enge und feine dunkle Querbänderung auf weißem Grund, meist 12 bis 14 dunkle Bänder auf eine Fahnenlänge von etwa 6 cm. Die mittleren Schwanzfedern sind in ihrem Spitzenteil etwas bräunlich getönt und oft stärker marmoriert. Bei den Jungvögeln sind die Schwanzfedern schlanker und mehr zugespitzt als bei den Altvögeln.

Vorkommen und Mauser: Der Rotschenkel ist ein häufiger, mittelgroßer und langbeiniger Brutvogel in den Salzwiesen der Küste. Er ist auf Nahrungssuche auch in den Watten anzutreffen und tritt zu den Zugzeiten oft truppweise auf. Die Mauser des Flügels findet vom Sommer bis in den Herbst hinein statt.

Ähnliche Arten: Die Querbänder auf den Steuerfedern sind schmaler als bei anderen Arten mit gebänderten Steuerfedern, wie zum Beispiel bei Dunklem Wasserläufer, Pfuhlschnepfe, Kiebitz- und Goldregenpfeifer.

Tafel Seite 123

Grünschenkel *Tringa nebularia*

Federmerkmale: Die Federn des Großgefieders wirken insgesamt recht dunkel. Sie sind größer als die des Rotschenkels. Die inneren Handschwingen sind in den Innenfahnen aufgehellt, aber sehr fein gefleckt bis marmoriert. Die Armschwingen sind in der Färbung den inneren Handschwingen ähnlich. Bezeichnend sind für beide weißliche, nur etwa 1 mm breite Spitzensäume. Die Schirmfedern sind in ihrem Zentrum dunkel, weisen aber randlich auf Innen- und Außenfahnen dunkle Fleckenserien auf hellem Untergrund auf. Dies gilt für das Schlichtkleid; im Brutkleid ist dieses Muster grob und kontrastreich.

Höchst aufmerksamer Jungvogel.

Die Steuerfedern sind im Prinzip quer gebändert, die mittleren aber zusätzlich meist dunkel schattiert, die äußeren überwiegend weiß, mit nur wenig verbleibender Bänderung auf der Außenhälfte der Außenfahne. Bei der mittleren Steuerfeder kann man ungefähr 12 bis 14 dunkle Bänder zählen, die sich, besonders im Brutkleid, zur Spitze hin in der dunklen Schattierung bzw. Marmorierung auflösen. Jugendfedern sind schmaler und gleichmäßiger quer gebändert und haben in der Spitze meist mehr Ocker als die der Altvögel.

Vorkommen und Mauser: Der Grünschenkel pflanzt sich in der borealen Waldzone und der südlichen Tundra von Skandinavien bis in den Fernen Osten fort. Während des Wegzugs ab Ende Juni rasten größere und kleinere Gruppen bei uns an den Küsten. Hier mausern sie auch das Großgefieder, schließen aber diesen Prozess teilweise erst im Überwinterungsgebiet ab.

Ähnliche Arten: Keine.

Tafel Seite 124

Kampfläufer *Philomachus pugnax*

Federmerkmale: Die Handschwingen sind klassisch schlicht und tragen keine Signaleigenschaften. Die dunkelbraune Färbung in den Spitzen und Außenfahnen wirkt verstärkend und gibt der Feder Stabilität. Nur in der basalen Hälfte der Innenfahne hellt sich die Feder etwas auf. Die Schäfte sind nur bei der 10. Handschwinge weiß, ansonsten durchgehend hellbraun. Die Armschwingen sind ähnlich wie die Handschwingen gefärbt. Ein kaum sichtbarer mattweißer Saum begleitet die Außenfahne und wird zur Spitze hin etwas breiter, aber dies hauptsächlich auf den inneren Armschwingen. Die Großen Oberen Armdecken steuern einen mattweißen schmalen Endsaum bei. Die hellen Bereiche einiger Hand- und Armschwingen zeigen eine unregelmäßige dunkle Sprenkelung.

Männchen im Prachtkleid, sehr variabel.

Ins Auge fallen die langen Schirmfedern, die plötzlich ein ganz anderes Muster präsentieren. Sind sie im Schlichtkleid noch recht düster mit ein paar hellen und dunklen Markierungen im Spitzenteil, so wirken sie im Prachtkleid auch bei den Weibchen regelrecht bunt, wobei eine unregelmäßige dunkelbraun-hellbraune Bänderung und weiße Flecken beteiligt sind. Die zugehörigen oberen Flügeldecken zeigen das ebenso. So bunt dieses Bild bei den einzelnen Federn wirken kann, so gut mag das allein brütende Weibchen auf seinem Bodennest dadurch getarnt sein. Soviel ist auch sicher: Während die Hand- und Armschwingen nur einmal im Jahr erneuert werden, müssen die Schirmfedern zweimal gewechselt werden.

Die Schwanzfedern sind graubraun mit etwas helleren Kielen. Die zwei oder drei mittleren Schwanzfedern zeigen aber in ihrem Spitzendrittel schon eine hell-dunkle fleckige Bänderung, als seien sie die Schirmfedern des Schwanzes. Sie haben damit auch eine Tarnfunktion nach oben hin.

Vorkommen und Mauser: Der Kampfläufer ist eine mittlerweile seltene Brutvogelart in Mitteleuropa. Als Wiesenvogel ist er extrem gefährdet, noch mehr als Kiebitz und Uferschnepfe, die bei uns als Brutvögel ebenfalls zurückgehen. Als rastender Durchzügler zwischen Arktis und Afrika ist er aber noch scharenweise anzutreffen. So auffällig sich im Frühjahr die Männchen im Prachtkleid mit ihren bunten Halskrausen auf den Gemeinschaftsbalzplätzen, den Balzarenen, zur Schau stellen, so schlicht sind dieselben Männchen im Winter und die Weibchen das ganze Jahr über gefärbt. Im Flügel gibt es kein helles Band, die Schwanzfedern sind unscheinbar braun. Allerdings sind die Männchen auch im Schlichtkleid viel größer als die Weibchen.

Ähnliche Arten: Keine.

Tafel Seite 125

Steinwälzer *Arenaria interpres*

Großgefieder wie bei einem kleinen Austernfischer.

Federmerkmale: In vielen Zeichnungsmerkmalen ähnelt das Großgefieder des Steinwälzers dem des etwas kleineren Sandregenpfeifers. Die Kontraste sind jedoch stärker, die Kiele heller und im Prachtkleid treten rostrote Farbflecke auf. Diese sind auf Steuer-, Schirm- und Schulterfedern sowie den Armdecken ungleichmäßig und auf den Körperhälften sogar asymmetrisch verteilt. Insgesamt sind die Federn bei ähnlicher Musterung kleiner als die des Austernfischers oder des Kiebitzregenpfeifers, aber länger als die der kleinen Strandläufer. Die inneren fünf bis sechs Handschwingen haben eine weiße Außenfahne – bis auf das äußere dunkle Drittel. Auch die Armschwingen sind typisch; ein Spitzenfleck im äußeren Drittel ist dunkel, der Rest ist weiß. Zusammen mit den breiten weißen Säumen der Großen Oberen Armdecken ergibt sich daraus in allen Kleidern eine deutliche weiße Flügelbinde, die sich vom Arm bis in die Handschwingen hinzieht. Kontrastreich sind auch die Schwanzfedern: weiß mit schwarzbrauner Endbinde, die außen ein Viertel, in der Schwanzmitte fast die Hälfte der Federlänge einnimmt und nur einen weißen Spitzenfleck auslässt. Rostbraune Flecken können in den schwarzen Feldern auftreten.

Vorkommen und Mauser: Der Steinwälzer tritt bei uns nur einzeln oder in kleinen Trupps auf und geht gern auf Molen, Steinschüttungen und anderem festem Untergrund auf Nahrungssuche, seltener am offenen Sandstrand. Er ist an unseren Küsten nur Gast und brütet im Norden in den Tundren der Alten und Neuen Welt. Obwohl Überwinterer auch im Wattenmeer mausern, wird man kaum Mauserfedern von ihnen finden, vielleicht aber eine Rupfung oder ein Flügelpaar. Die meisten Steinwälzer ziehen weiter in den Süden, bis in die Kapprovinz nach Südafrika.

Ähnliche Arten: Schwingen und Steuerfedern erinnern an die des Austernfischers, sind aber viel kürzer und schmaler.

Tafel Seite 126

Knutt *Calidris canutus*

Kommt im Prachtkleid aus der Tundra.

Federmerkmale: Die Federn sind größer als die entsprechenden Federn des Alpenstrandläufers und der anderen Strandläufer. Sie haben die gleiche elegante, schnittige Form. Hand- und Armschwingen sind fast durchgehend graubraun, die Kiele setzen sich weiß ab. Die inneren fünf bis sechs Handschwingen tragen an der Außenfahne einen weißen Saum und eine feine Sprenkelung an der Basis der Innenfahnen. Bei den Armschwingen ist der Saum sehr schmal und verbreitert sich erst gegen die Spitze hin. Die Außenfahnen sind dunkler als die Innenfahnen. Die Schirmfedern sind im Ruhekleid wie üblich einheitlich düster gefärbt, abgesehen von dem hellen Saum um die Spitze. Sie werden auch für das Brutkleid nicht umgefärbt.

Die Steuerfedern sind recht breit und nahezu völlig grau getönt, wovon sich nur die hellen Kiele und die fein kontrastierten hellen Säume abheben, die fast die ganze Innen- und Außenfahne begleiten. Die mittleren Steuerfedern sind besonders im Brutkleid dunkler und können dann eine variable Rosttönung tragen. Während die Unterschwanzdecken creme-weißlich sind, zeichnen sich die Oberschwanzdecken durch eine enge Querbänderung aus. Bei Jungvögeln sind die Innenfahnen der meisten Schwingen und Steuerfedern an der Basis fein gesprenkelt. Die längste Schirmfeder kann ein helles Fleckenpaar an der Spitze tragen.

Vorkommen und Mauser: Der Knutt ist unter den kurzbeinigen Strandläufern des Wattenmeers der größte. Knutts treten im Frühjahr und im Sommer oft in riesigen rastenden Trupps auf, die manchmal durch gemeinsame Flugmanöver auffallen. Es handelt sich bei uns um zwei verschiedene Populationen. Die sibirische Population, die in der sibirischen Arktis brütet, rastet bei uns eine Zeit lang im Spätsommer und zieht zum Überwintern nach Westafrika weiter. Die grönländisch-kanadische Population überwintert im Wattenmeer und an den atlantischen Küsten Europas. Im Spätsommer mausern die Vögel Groß- und Kleingefieder im Wattenmeer, im Mai nur das Kleingefieder. Ende Mai treten sie im roten Prachtkleid ihren Heimzug an. Neben denjenigen des Alpenstrandläufers findet man Federn des Knutts am häufigsten angespült. Bis in den Herbst und Winter hinein kann man auch Rupfungen finden.

Ähnliche Arten: Die Federn des Knutts sind größer als diejenigen von Alpenstrandläufer und Sanderling.

Tafel Seite 127

Sanderling *Calidris alba*

Federmerkmale: Der insgesamt sehr helle Vogel hat im offenen Flügel ein ausgeprägtes weißes Flügelband, das dunkel begrenzt ist. Um dieses zu erzeugen, sind die Außenfahnen der fünf inneren Handschwingen von der Basis her zu weiten Teilen weiß, mehr und deutlicher als beim Alpenstrandläufer. Bei den übrigen Handschwingen, die die längsten im Flügel sind, sind die Außenfahnen zwar dunkel, aber dafür tritt eine ausgedehnte Aufhellung der Innenfahne ein, die nur an der Federspitze dunklem Pigment weicht. Auch die Federkiele sind weitgehend weiß, mit Ausnahme einer Verdunklung an der Fahnenbasis und der schwarzbraunen Federspitze. Kein Wunder, denn Außenfahnen und Federspitzen sind am Vorderrand des Flügels mechanisch stärker gefordert; die stabilisierende Pigmentierung bildet das ab. Die Armschwingen wird man leicht unterscheiden können: Im mittleren Drittel der Federlänge ist der Schaft beim Alpenstrandläufer ein Stück weit dunkel vom hellen Umfeld abgesetzt, beim Sanderling ist er fast bis zur Spitze weiß. Die Oberen Großen Armdecken zeichnen sich durch breite weiße Endsäume aus. Die verlängerten Schirmfedern haben im Schlichtkleid helle Säume. Im Jugendkleid haben sie in der Spitze auf beiden Fahnenrändern eine helle grobe Punktierung (ein bis zwei Punktepaare).

Strandläufer am Spülsaum.

Die Schwanzfedern sind weder grau noch weiß, sondern in ihrer Färbung geteilt. Abgesehen von der dunklen verlängerten Steuerfeder 1 sind die übrigen auf der Innenfahne weißlich, die Außenfahne ist aber graubraun getönt, bis fast hin zum leuchtend weißen Schaft.

Um die Spitze verläuft ein heller Saum. Die äußerste Steuerfeder ist allerdings überwiegend weiß.

Vorkommen und Mauser: Der Sanderling brütet in der Hohen Arktis der Alten und Neuen Welt und überwintert von gemäßigten Breiten bis weit in den Süden. Er ist ein Spezialist für Sandstrände, wo er vor den auslaufenden Wellen schnell rennend kleine Krebse und Insekten aufpickt. Die Großgefiedermauser findet vom Hochsommer bis in den Herbst hinein statt, teils so schnell, dass die Vögel beinahe flugunfähig werden. Sie kann in Mitteleuropa in einer Rekordzeit von 50 Tagen absolviert werden, in Südafrika nehmen sich die Vögel die doppelte Zeit dafür.

Ähnliche Arten: Die Federn sind klein, aber nicht ganz so zierlich wie die des Alpenstrandläufers. Besonders die Steuerfedern haben mehr Weiß. Insgesamt zeigen auch die Handschwingen mehr Weiß als beim Alpenstrandläufer.

Tafel Seite 128

Sichelstrandläufer *Calidris ferruginea*

Im Prachtkleid rot wie ein Knutt.

Federmerkmale: Der helle Flügelstreif wird vor allem von den Spitzen der Großen Oberen Armdecken gebildet. Er setzt sich dann nach außen hin über helle Säume an den Außenfahnen der inneren Handschwingen fort. Dabei sind bis zur 10. Handschwinge auch die hellen Schäfte beteiligt. Das „bunte" Muster in der Dunkel-hell-dunkel-Färbung des Schaftes beim Alpenstrandläufer ist hier allenfalls bei den äußeren Handschwingen angedeutet, ansonsten sind bei den inneren Hand- und allen Armschwingen die Schäfte hell. Bei den Armschwingen verläuft die Grenze zwischen Hell und Dunkel auf den Innenfahnen sehr weich. Ganz weiße oder fast ganz weiße Armschwingen wie beim Alpenstrandläufer und beim Sanderling (siehe auch Austernfischer) gibt es nicht. Doch setzt sich die dunkle schmale Außenfahne gegenüber der übrigen Feder ab. Bei den inneren Armschwingen entwickelt sich ein heller Saum im Endteil der Außenfahne, der in schmaler Form auch noch die Schirmfedern im Schlichtkleid ziert. Die Steuerfedern, die beim Alpenstrandläufer gänzlich graubraun getönte Fahnen besitzen, tragen beim Sichelstrandläufer ein geschecktes Muster. Die Basis ist auf der Außenfahne zu einem Drittel, auf der Innenfahne zur Hälfte weiß, der Rest ist dunkel graubraun. Der Kiel ist weiß, bis auf die Spitze und einen Fleck an der Basis.

Vorkommen und Mauser: Zur Brut fliegt der Sichelstrandläufer an die sibirische Eismeerküste, zum Überwintern wandert er weit nach Süden; man kann ihn im Winter in Südafrika antreffen. Zu den Zugzeiten taucht er regelmäßig auf Watt- und Schlickflächen an unseren Küsten auf, wenn auch nicht sehr häufig und in kleinerer Zahl als der Alpenstrandläufer. Die Mauser kann sich auf Rastgebiete und das Überwinterungsgebiet verteilen und mehrere Monate dauern.

Ähnliche Arten: Die Federn entsprechen in der Größe denjenigen des Alpenstrandläufers und des Sanderlings.

Tafel Seite 129

Alpenstrandläufer *Calidris alpina*

Strecken und Picken zugleich.

Federmerkmale: Die Handschwingen sorgen auf mehrere Weise für den im Handflügel ausklingenden weißen Flügelstreif. Die inneren fünf Handschwingen weisen in der Mitte der Außenfahne ein weißes Feld auf. Dem Schaft kommt ein besonderes Eigenleben zu. Er hebt sich von der hellen Basis her dunkel ab, wird dann aber im äußeren Drittel der Schwinge weiß, um schließlich in der dunklen Federspitze zu verschwinden. Das ergibt von der Spule aus ein Hell-dunkel-hell-dunkel-Muster. Bei der langen 8. und bei der 9. Schwinge schwächt sich dieses Muster ab, die 10. hat in der Regel einen durchlaufenden hellen Schaft. Die Armschwingen sind ebenfalls „bunt“: helle Basis, dunkles, schräg abgesetztes Spitzenfeld. Der Schaft hebt sich dunkel aus der hellen Basis heraus. Bei den innersten hellsten Armschwingen trägt er vor dem dunklen Spitzenfeld noch ein Stück Weiß. Die Schirmfedern sind im Schlichtkleid wie bei den anderen Arten verlängert und eintönig dunkelgrau; bei den Jungvögeln tragen sie einen bräunlichen, im Prachtkleid einen weißlichen Saum.

Da der im Flug gespreizte Schwanz des Alpenstrandläufers grau ist, müssen wir bei ihm auch graue Schwanzfedern finden. Sie sind knapp 5 cm lang und graubraun mit leicht aufgehellter Innenfahne. Der Schaft hebt sich wie bei den Arm- und inneren Handschwingen nahe der Basis dunkel, weiter zur Spitze hin hell ab. Frische Federn haben einen feinen hellen Endsaum.

Vorkommen und Mauser: Der Alpenstrandläufer ist der bei Weitem häufigste kleine Strandläufer an unseren Küsten. Die schwarzbäuchigen Altvögel kommen bald nach der Brut aus dem Norden in großen Scharen ins Wattenmeer und mausern dort ihr Groß- und Kleingefieder. Die Jungvögel, die bereits eine leichte Fleckung auf der Unterseite aufweisen, folgen später nach. Im Winter sind Alt- und Jungvögel überwiegend grau. Die entsprechenden Federn sind deutlich kleiner als die des Knutts. Sie gehören zu den kleinsten Federn, die man in großen Mengen im Spülsaum finden kann. Die Mauser des Großgefieders beginnt teilweise bereits in den Brutgebieten, findet in großem Umfang im Rastgebiet an unseren Küsten statt und endet spätestens im Überwinterungsgebiet. Bei uns kann man äußere Handschwingen noch im Dezember finden. Häufig wird man auch auf Rupfungen oder Risse dieser Art treffen.

Ähnliche Arten: Sowohl Schwanzfedern als auch Schwingen des Sanderlings haben mehr Weiß als die des Alpenstrandläufers.

Tafel Seite 130

Papageitaucher *Fratercula arctica*

Federmerkmale: Die Schwingen entsprechen in der Größe etwa denen der Trottellumme, ihnen fehlen allerdings die deutliche Aufhellung der Innenfahne bei den Handschwingen und ein weißer Endsaum bei den Armschwingen. Die zehn Handschwingen (einschließlich der etwas zurückgebildeten 1.) sind schwarzbraun, zugespitzt und deutlich schwächer als die des Tordalks. Die sehr kleinen Armschwingen haben eine dunkle Außenfahne und eine flächig aufgehellte Innenfahne. Papageitaucher haben 14 bis 16 (also auf jeder Seite 7 bis 8) kurze dunkle Steuerfedern, die recht elastisch sind, jedoch einen wenig widerstandsfähigen Eindruck machen.

Großgefiedermauser im Spätwinter.

Vorkommen und Mauser: Papageitaucher sind zur Brutzeit Höhlenbewohner steiler Küsten an nordischen Vogelbergen. Außerhalb der Brutzeit sind sie Vögel der Hochsee, kommen nur in kleinen Zahlen auf dem Durchzug an der Nordseeküste vor, in der Ostsee noch seltener. Die Großgefiedermauser erfolgt im Spätwinter.

Ähnliche Arten: Die Armschwingen haben nicht den weißen Saum an der Spitze, wie man ihn bei den Lummen und dem Tordalk, ja sogar bei dem kleinen Krabbentaucher findet.

Tafel Seite 131

Krabbentaucher *Plautus alle*

Ein winziger Gast aus der Arktis.

Federmerkmale: Die kleinen Handschwingen sind relativ breit und zugespitzt. Die Außenfahne ist rauchschwarz, die Innenfahne etwas aufgehellt. Bei den gebogenen, winzigen Armschwingen sind die Außenfahnen noch deutlicher dunkel im Vergleich zu den meist aufgehellten Innenfahnen. Außerdem besteht ein von außen nach innen von Feder zu Feder breiter werdender beigefarbener Endsaum von circa 6 mm Breite. Die Schirmfedern sind wieder ganz dunkel. Dagegen sind die Schulterfedern an beiden Außenkanten weiß gesäumt. Die schwarzen, sehr kurzen und gedrungenen Schwanzfedern entsprechen in Form und Größe ungefähr den inneren Armschwingen. Die äußerste trägt meist einen kleinen weißen Fleck an der Spitze. Frisches Gefieder ist schwarz, älteres mehr dunkelbräunlich.

Vorkommen und Mauser: Unter den Alkenvögeln ist der Krabbentaucher ein ausgesprochener Winzling – er ist nicht mehr als singvogelgroß. Von den Millionenheeren an arktischen Brutplätzen kommen im Winter hin und wieder einzelne Vögel in die Nordsee, noch weniger in die Ostsee. Am ehesten findet man sie tot und angeschwemmt an den Stränden, oder auch nur einzelne Flügel. Das Großgefieder wird unmittelbar nach Verlassen des Brutplatzes synchron gemausert, sodass die Vögel eine Zeit lang flugunfähig sind. Mauserfedern wird man also hierzulande kaum finden.

Ähnliche Arten: Wegen der geringen Größe besteht weder bei Einzelfedern noch bei Flügeln eine Verwechslungsgefahr.

Tafel Seite 132

Tordalk *Alca torda*

Alk mit langem spitzem Schwanz.

Federmerkmale: Die äußeren Handschwingen haben bei einer Länge von circa 14 cm wie bei Tauchvögeln üblich relativ lange Spulen im Vergleich zum Fahnenteil und sind am Ende zugespitzt. Die langen Spulen sind noch mehr bei den Großen Oberen Handdecken entwickelt. Die Färbung ist schwarzbraun, die Innenfahnen sind kaum aufgehellt. Die Schäfte sind ebenfalls sehr dunkel, während sie sich bei der Trottellumme ein Stück weit heller abheben. Die Armschwingen sind kurz und breit mit langer Spule. Sie enden mit einem weißlichen Saum von 2–7 mm Breite, der damit im Durchschnitt schmaler ist als bei der Trottellumme.

Der Tordalk hat einen verlängerten, spitzen Schwanz. Daher sind besonders die mittleren Schwanzfedern zugespitzt; die in der Mitte stehende erste überragt die folgenden mit ihrer Spitze. Der Schwanz ist so lang, dass sich im Flug die Zehen darunter verbergen.

Vorkommen und Mauser: Der Tordalk ist ein Brutvogel nordischer Vogelberge und brütet auch auf Helgoland mit knapp zwanzig Brutpaaren. Größere Brutbestände gibt es in der Ostsee nahe Bornholm. Die Vögel überwintern unter anderem in Ost- und Nordsee. Sie sind wie die anderen Alke ausgesprochene Flügeltaucher, das heißt, sie erzeugen den Vortrieb unter Wasser mit geöffneten Flügeln. Die Mauser des Großgefieders verläuft von August bis Oktober weitgehend synchron, sodass die Vögel eine Zeit lang nicht fliegen können.

Ähnliche Arten: Die Armschwingen haben einen breiteren weißen Endsaum als bei der Trottellumme, die Steuerfedern sind lang und zugespitzt.

Tafel Seite 133

Trottellumme *Uria aalge*

Viele sterben an Verölung.

Federmerkmale: Die Handschwingen, elf an der Zahl wie bei anderen Alkenvögeln auch, sind scharf zugespitzt, was besonders für die äußeren gilt. Sie sind schwarzbraun mit leichter Aufhellung an der Basis der Innenfahne. Die Schäfte sind wenigstens im unteren Teil leicht bräunlich abgesetzt. Die Armschwingen sind mehr bräunlich mit etwas dunklerer Außenfahne und im Vergleich zum Tordalk schmaler. Sie enden ebenfalls mit einer weißlichen Endbinde, die sich zur Schulter hin bis auf 9 mm verbreitern kann. Die Schirmfedern sind kurz und schwarz. Die beiderseits sechs bis sieben Schwanzfedern sind kurz und gestreckt eiförmig mit langer Spule, viel kleiner als die des Tordalks und am Ende abgerundet.

Vorkommen und Mauser: Von der Trottellumme, die in der Deutschen Bucht einzig in einer großen Kolonie mit etwa 2500 Paaren auf Helgoland brütet, werden häufig verölte tote Individuen angeschwemmt. Es finden sich natürlich auch Flügelstücke und schließlich einzelne gemauserte Schwingen oder andere Federn in den Spülsäumen, jedoch mehr an der Nord- als an der Ostsee. Die Vollmauser erfolgt von Juli bis in den Herbst hinein, wobei die Vögel zeitweise flugunfähig sind.

Ähnliche Arten: Die seltene Gryllteiste hat etwas größere Federn mit weißen Innenfahnen und schwarzen Schäften. Der Krabbentaucher ist viel kleiner.

Tafel Seite 134

Dreizehenmöwe *Rissa tridactyla*

Im Alterskleid tiefschwarze Flügelspitze.

Federmerkmale: Im Alterskleid haben die äußeren fünf Handschwingen tiefschwarze Spitzen, als seien sie in Tusche getaucht. Bei der alleräußersten ist zusätzlich auch die Außenfahne bis zur Basis schwarz. Mitunter tragen die Handschwingen 6 bis 8 einen weißen Spitzenpunkt. Die inneren Handschwingen sind einheitlich hellgrau mit einem schwachen weißen Endsaum. Das Gleiche gilt für die Armschwingen, der Endsaum ist etwa 3 mm breit. Alle Schwingen haben einen sich dunkelbraun vom grauen Umfeld abhebenden Schaft. Die Schwanzfedern sind reinweiß, die mittleren etwas kürzer als die äußeren. Die Spitze ist etwas gerundet.

Die großen Handschwingen des Jungvogels könnte man auf den ersten Blick wegen ihres Schwarz-Weiß-Musters mit denen der Lachmöwe verwechseln. Aber das helle Fenster ist nicht wie meist bei der Lachmöwe zur Außenfahne hin offen, sondern beschränkt sich auf die Innenfahne. Das begleitende schwarze Feld nimmt sogar vom Schaft aus noch ein Stück von der Innenfahne in Anspruch. Die Federspitze ist schwarz wie bei der Lachmöwe. Die inneren Handschwingen und die Armschwingen sind wie beim Altvogel weißgrau mit einem angedeuteten weißen Band an der Spitze. Auf den Schirmfedern und den zugehörigen oberen Decken finden sich tiefschwarze Flecken in der Spitzenhälfte, die das dunkle Armflügelband der jungen Dreizehenmöwe hervorrufen. Die Schwanzfedern weisen ein tiefschwarzes Endband auf, das nach außen hin schmaler wird, sodass die äußerste Steuerfeder ganz weiß sein kann.

Vorkommen und Mauser: Die Dreizehenmöwe ist Brutvogel nördlicher Steilküsten, aber dennoch das ganze Jahr über vor den Küsten der

Nordsee und westlichen Ostsee anzutreffen. Eine große Brutkolonie mit circa 7000 Brutpaaren existiert seit 1938 auf Helgoland. Die Großgefiedermauser endet erst im Spätherbst, bei manchen Individuen erst im nächstfolgenden Frühjahr. Man findet also Mauserfedern auch im südlichen Überwinterungsgebiet.

Ähnliche Arten: Die äußeren Handschwingen des Altvogels sind wegen ihrer schwarzen Spitze unverkennbar. Während das Endband des Schwanzes bei jungen Zwerg- und Lachmöwen schwarzbraun ist, hebt es sich bei der jungen Dreizehenmöwe tiefschwarz ab.

Tafel Seite 135

Zwergmöwe *Hydrocoloeus minutus*

Federmerkmale: Die kleinste Möwe zeichnet sich auch durch Federn aus, die im Vergleich zu denen anderer Möwen geradezu zierlich wirken. Das Alterskleid ist jedoch bei dieser Art mehr als deutlich verschieden vom Jugendkleid – als ob es sich um zwei verschiedene Arten handelt. Deswegen müssen sie auch getrennt dargestellt werden.

Jungvogel zeigt alle Merkmale.

Die im Alterskleid typisch grauschwarze Flügelunterseite kontrastiert mit der oft deutlich helleren Oberseite. Hand- und Armschwingen sind grau, silbrig überhaucht und ohne schwarze Abzeichen, ebenso die Schäfte. Bei den Handschwingen fällt jedoch ein von den Armschwingen her kommender weißer Endsaum auf, der bei den innersten Handschwingen etwa 5–7 mm breit ist, sich dann aber bei den äußeren, längsten Handschwingen bis auf etwa 2 cm verbreitert. Die Federn wirken in ihrem Schnitt ziemlich breit, was mit dem gerundeten Flügel der Zwergmöwe zu tun haben mag. Die Armschwingen tragen ebenso den breiten weißen Endsaum, der bei der Lachmöwe völlig fehlt, aber bei den viel größeren Sturm- und Silbermöwen noch breiter entwickelt ist. Die Schirmfedern wie die oberen Flügeldecken sind nicht mehr so dunkel, sondern möwengrau. Die Schwanzfedern des Altvogels sind ähnlich wie bei der alten Lachmöwe, aber kürzer und recht gerade abgeschnitten. Sie sind überwiegend reinweiß, weisen aber an der Basis in Schaftnähe bezeichnende graue Flecken auf.

Im Jugendkleid (1. Winter) sind die Handschwingen zwar in der Außenfahne und in der Federspitze sehr dunkel, doch kontrastiert damit ein kreideweißes ausgedehntes Feld auf der Innenfahne, das ein paar Millimeter vor dem Schaft endet. Einige innere Handschwingen können zusätzlich schon einen breiten weißen Endsaum haben. Die Armschwingen sind weiß bis auf die dunkle Außenfahne, die aber in der Federspitze durch ein 1–2 cm breites weißes Band abgelöst wird. Schirmfedern und Schulter sind dann dunkelbraun bis auf eine kräftige Aufhellung in der Basalhälfte der Innenfahne. Die Schulterfedern werden im Frühjahr des 2. Kalenderjahrs schon gegen graue ausgetauscht. Die Schwanzfedern tragen ein in der Mitte mehr als 2 cm breites schwarzbraunes Endband, das aber nach außen hin schmaler wird, sodass die äußerste Steuerfeder (6.) fast ganz weiß sein kann. Durch das dunkle Band wird der leicht eingebuchtete Schnitt des Schwanzes noch betont.

Vorkommen und Mauser: Zwergmöwen brüten vorwiegend im Nordosten, ziehen aber im Herbst entlang der Küsten in ihr westeuropäisches und mediterranes Überwinterungsgebiet. Einige brüten auch bei uns, andere übersommern nur, manche versuchen zu überwintern. Die Vollmauser erstreckt sich von Juni/Juli bis in den November.

Ähnliche Arten: Die Handschwingen des Jugendkleides können mit denen der jungen Lachmöwe verwechselt werden, sind aber kleiner und anders gemustert.

Tafel Seite 136

Lachmöwe *Larus ridibundus*

Federmerkmale: Im Flug tritt bei Altvögeln im Handflügel ein sehr typischer weißer Keilfleck zutage. Ihm entspricht an den vier äußeren Handschwingen ein ausgedehntes weißes Feld, das an der Federbasis beginnt und an der Spitze und am inneren Saum der Innenfahne, teilweise auch am Außenrand der Außenfahne, schwarz begrenzt wird. Auch der Schaft ist im Bereich dieses weißen Feldes völlig pigmentlos. Bei der äußersten Handschwinge ist die Außenfahne schwarz gesäumt. Die Großen Oberen Handdecken haben sehr viel Weiß. Die inneren Handschwingen werden mehr und mehr grau und lassen nur noch wenig von der schwarzen Flügelspitze erkennen. Die gebogenen Armschwingen sind ganz hellgrau mit einem schmalen hellen Spitzensaum. Beim Jungvogel ist der Spitzenteil der Armschwingen variabel dunkel und weist einen mehrere Millimeter breiten hellen Endsaum auf.

Flügel mit weißem Keilfleck.

Die Steuerfedern sind bei Altvögeln ganz weiß und wirken gestreckt rechteckig und gerade abgeschnitten. Die inneren enden mehr gerundet. Bei den Jungvögeln gibt es auch noch im zweiten Sommer eine auffällige schwarzbraune, bis 25 mm breite Endbinde, die nach außen hin schmaler wird, sodass die äußerste Steuerfeder schon ganz weiß sein kann. Die Schwanzfedern weisen im frischen Zustand häufig noch einen braungelben Spitzensaum auf.

Die Lachmöwe gilt als Zweijahresmöwe, die im zweiten Lebensjahr ihr Alterskleid erreicht; das ist dann das dritte Kalenderjahr.

Vorkommen und Mauser: Die Lachmöwe ist die häufigste Kleinmöwe sowohl an der Küste als auch im Binnenland. Sie brütet kolonieweise in binnenländischen Feuchtgebieten ebenso wie in Salzwiesen und Dünen an der Küste, überwintert aber sowohl an der Küste als auch an Flüssen und Seen, besonders dort, wo sie gefüttert wird. Die Mauser der Handschwingen kann sich über drei Monate hinziehen und bis in den November dauern. Lachmöwenfedern sind die häufigsten Möwenfedern im Spülsaum.

Ähnliche Arten: Gegenüber den Großmöwenfedern sind die Federn der Lachmöwe kleiner. Verwechslungsmöglichkeit besteht besonders mit den Federn des Armflügels von Dreizehen- und anderen mittelgroßen Möwen sowie bei den Jugendkleidern. Die Steuerfedern der Jungvögel ähneln denen von Kiebitz und Austernfischer.

Tafel Seite 137

Sturmmöwe *Larus canus*

Federmerkmale: Die Altvögel sind kleine Abbilder der Silbermöwe. Das zeigt sich in vielen Einzelheiten. Die äußerste Handschwinge ist fast ganz schwarz, nur die Spule und die Innenfahnenbasis sind hell. Das Spitzenfünftel der Gesamtlänge der Feder trägt ein auffallendes weißes Feld, an das sich an der Spitze der Innenfahne noch ein kleiner schwarzer Fleck anschließt. Die inneren Handschwingen und die Armschwingen sind grau mit einem ausgeprägten, endständigen weißen Saum, der den breiten weißen Flügelhinterrand der Sturmmöwe im Alterskleid bildet. Besonders in den Armschwingen sind die Endsäume relativ breiter als bei der Silbermöwe.

Bei jungen Sturmmöwen sind die äußeren Handschwingen ganz schwarzbraun. Die inneren Handschwingen sind aufgehellt und tragen mitunter im Spitzenbereich in der Größe variable Flecken. Bei den Armschwingen ist die Außenfahne größtenteils braun, diese Färbung zieht sich gegen die Spitze hin auf die Innenfahne hinüber und wird auf der Außen- und Innenfahne durch einen mehrere Millimeter breiten hellen Endsaum begrenzt. Die Schirmfedern sind in der Spitzenhälfte ganz dunkel. Das Auffälligste an den Federn der jungen Sturmmöwen ist das einheitlich dunkelbraune Band der Schwanzfedern, das ungefähr ein Viertel der Federlänge einnimmt und sich bei den äußeren Steuerfedern etwas abschwächt. Daran schließt sich an der Spitze der frischen Feder

Im Alterskleid weiß-grau-schwarz.

Im Vergleich zu den Federn der alten Sturmmöwe (Tafel S. 138) wirken die des Jungvogels im ersten Jahr so verschieden, als gehörten sie zu einer anderen Vogelart. Die äußerste Handschwinge (H 10) ist ganz dunkelbraun, die mittlere Steuerfeder (St 1) hat eine dunkle Endbinde.

mitunter noch ein hellbräunlicher Saum von 2–3 mm Breite an. Die Steuerfedern sind deutlich länger und breiter als die der jungen Lachmöwe und etwas kleiner als die der Großmöwen. Die Sturmmöwe ist eine Dreijahresmöwe. Im 2. Winter ist der Schwanz in der Regel bereits reinweiß.

Vorkommen und Mauser: Die Sturmmöwe ist Brut- und Jahresvogelvogel an den Küsten wie im Binnenland. Im Sommer steigen die Zahlen an der Küste durch Zuzug beträchtlich an. Die Vollmauser kann schon im Mai beginnen und sich bis in den Spätherbst hinein erstrecken.

Ähnliche Arten: Die entsprechenden Federn sind generell kleiner als die der Silbermöwe.

Tafel Seite 138

Silbermöwe *Larus argentatus*

Zwei Partner im Alterskleid.

Federmerkmale: Die äußeren Handschwingen sind sehr lang und überschreiten ohne Weiteres 30 cm. Sie sind zum größten Teil auf der Außen- und Innenfahne hellgrau, wovon sich der Schaft dunkelbraun abhebt. Die Basis ist schwach weißlich aufgehellt. Bei den äußeren sechs Handschwingen wird das Grau gegen die Spitze hin durch Schwarz ersetzt, dann folgt in der Spitze ein in der Größe variabler weißer Fleck, auf den noch ein schwarzer aufgesetzt sein kann, sodass der weiße Fleck wie ein Fenster im Schwarz erscheint. Er wird auch Subapikalfleck genannt. Die verbleibenden vier bis fünf inneren Handschwingen sind lediglich grau und tragen eine breite weiße Endbinde. Dasselbe gilt für die Armschwingen. Die Zahl der Armschwingen liegt insgesamt um die zwanzig – also doppelt so viele wie Handschwingen.

Das Jugendkleid im ersten Lebensjahr hat sehr dunkle Handschwingen und eine mittel- bis schwarzbraune, zur Federbasis hin fleckig aufgelöste Endbinde in den Schwanzfedern. In den folgenden Kleidern nimmt die Schwanzbinde in ihrer Ausprägung ab. Im

Steuerfedern einer jungen Silbermöwe: Die Pigmentierung nimmt von innen nach außen ab (von links nach rechts).

2. Winter, wenn der Rücken des Vogels schon grau ist, sind die Oberschwanzdecken schon weiß und die Schwanzbinde des fliegenden Vogels ist sehr gut kontrastiert. Im 3. Winter sind nur noch Reste davon erhalten.

Vorkommen und Mauser: Die Silbermöwe ist das ganze Jahr über die häufigste Großmöwe unserer Küsten. Federn von ihr sind fast immer zu finden. Sie zeichnen sich durch ein feines helles Grau aus, was zu dem Namen Silbermöwe (lat. *argentatus*) führt. Dies gilt allerdings nur für das Alterskleid. Die Silbermöwe gilt als Vierjahresmöwe, das heißt, das komplette Alterskleid ist erst im vierten Lebensjahr ausgebildet. Bei den Jugendkleidern dominieren dunkelbraune und schwarze Töne. Wegen der Größe der Vögel dauert die Vollmauser sehr lange. Sie beginnt schon während der Brutperiode im Mai und kann sich bis in den Winter hinein erstrecken.

Ähnliche Arten: Die ähnlichen Federn der Sturmmöwe lassen sich an der geringeren Größe unterscheiden.

Tafel Seite 139

Mantelmöwe *Larus marinus*

Größte Möwe Europas, große Federn.

Federmerkmale: Die äußeren Handschwingen sind im Alterskleid ähnlich gemustert wie bei der Silbermöwe, aber statt der Grautöne vor allem auf der Innenfahne tritt ein kräftiges Anthrazit auf. Der Schaft hebt sich davon kaum ab, ist jedoch immer im äußeren Drittel aufgehellt. Im Prinzip folgt am Federende ein schwarzes Band mit einer weißen Spitze, der noch ein kleiner schwarzer Fleck aufgesetzt sein kann. Die inneren vier bis fünf Handschwingen sind ohne Schwarz, das heißt bei ihnen folgt auf die schieferfarbene Grundfärbung nur ein breites weißes Endband. Das Gleiche gilt für die Armschwingen. Die Endbinde kann bei den inneren Armschwingen eine Breite von 3 cm erreichen. Das gilt auch für die nur wenig verlängerten Schirmfedern. Die Gesamtanzahl der Armschwingen liegt bei über zwanzig. Die letzten, schon am Ellbogen stehenden werden wie bei den anderen Möwen immer kleiner und sind kaum mehr zu identifizieren. Die Kleider der Jungvögel lassen sich vor allem anhand der Größe von denen anderer Großmöwen unterscheiden.

Vorkommen und Mauser: Die Mantelmöwe ist unter den heimischen Großmöwen die größte Art. Sie ist an den Küsten meist als Standvogel verbreitet, aber als Beutegreifer in Spitzenposition längst nicht so häufig wie die Silbermöwe. Sie zeichnet sich im Alterskleid durch einen schwarzen Mantel, Flügeloberseite und Rücken, und in allen Kleidern durch fleischfarbene Beine aus.

Ähnliche Arten: Die ähnlich gefärbten Federn der Heringsmöwe sind kleiner. Ihnen fehlt die Aufhellung am Ende der Handschwingenschäfte.

Tafel Seite 140

Heringsmöwe *Larus fuscus*

Federmerkmale: Altvögel sind verkleinerte Abbilder der Mantelmöwe, was sich auch bei den entsprechenden Federn zeigt. Jungvögel sind dunkler als junge Silbermöwen. Die Handschwingen sind durchgängig schwarzbraun, die längsten gut 30 cm lang. Nur die Basis der Innenfahne ist ein wenig aufgehellt. Wie bei allen Möwen sind sie am Ende zugespitzt, bei Altvögeln mehr gerundet. Die Armschwingen sind ebenfalls dunkelbraun, nur der Schaft ist im unteren Teil hell. An der Spitze tragen sie ein hellfleckiges Band, das nach innen hin einer gröberen hellen Fleckung weicht. Bei den sonst ganz dunklen Schirmfedern ist die Spitzenfleckung am stärksten ausgeprägt. Die Schwanzfedern wirken sehr dunkel; die schwarzbraune Endbinde hebt sich kaum von der basalwärts folgenden Fleckung ab, die sehr variabel ist. Gute feldornithologische Merkmale bieten auch die Oberschwanzdecken mit ihrer Fleckung.

Altvogel im Landeanflug.

Vorkommen und Mauser: Die Heringsmöwe hat sich in jüngerer Zeit an der Nordsee stark ausgebreitet und kommt jetzt an vielen Stellen als kolonialer Brutvogel neben der Silbermöwe vor. Ein Großteil der Brutpopulation zieht ab Juli südwärts ab. Die Großgefiedermauser findet vorwiegend im Überwinterungsgebiet statt, beginnt jedoch mit den innersten Handschwingen schon im Brutgebiet. Nur die wenigen Überwinterer mausern bei uns vollständig.

Ähnliche Arten: Steuerfedern von Altvögeln kann man nicht von denen anderer alter Großmöwen unterscheiden; sie sind aber kleiner als die der Mantelmöwe.

Tafel Seite 141

Zwergseeschwalbe *Sternula albifrons*

Federmerkmale: Wie bei allen silbergrauen Seeschwalben wird der bezeichnende Silberschimmer der Federn bei fortschreitender Abnutzung abgerieben, sodass die Federn mit der Zeit dunkler werden. Sie wirken bei höchster Eleganz zierlich. Die längsten Handschwingen sind etwa so groß wie die des Knutts, aber immer noch am Silberschimmer erkennbar.

Beim Altvogel überwiegt das helle Seeschwalbengrau (hell bläulichaschgrau) neben dem Weiß. Die in der Abbildung sichtbaren braunen Säume und Spitzenflecken des Jungvogels fehlen. Alle Federn entsprechen in ihrer Form ansonsten denen des Jugendkleides und lassen sich von denen anderer Seeschwalben durch ihre geringe Größe unterscheiden. Die inneren Armschwingen und Schulterfedern haben weiße Endsäume. Die Armschwingen sind grauweiß mit weißen Spitzen und bräunlichen Schäften. Das mittlere Steuerfederpaar ist hell bläulichgrau getönt, die folgenden haben die Tönung nur auf der Außenfahne mit weißem Rand, die äußerste ist weiß.

Die kleinste unserer Seeschwalben – mit elegantem Flügelschnitt.

Beim Jungvogel sind die äußeren Handschwingen farblich zweigeteilt: dunkelgrau mit Silberschimmer auf der Außenfahne und dem Spitzendrittel der Innenfahne, von hier zieht sich die Färbung noch am Schaft entlang bis fast zur Basis; der Rest ist weiß. Die inneren Handschwingen sind wie bei allen Seeschwalben stark stufig verkürzt und haben nur eine schwache Tönung auf der Außenfahne und der äußeren Innenfahne. Diese Farbverteilung setzt sich bei den Armschwingen fort; die Schirmfedern weisen einen kräftigen pfeilförmigen braunen Spitzenfleck auf. Die sechs Steuerfedern verlängern sich ein wenig von innen nach außen und werden heller. Besonders die mittleren haben einen angedeuteten Spitzensaum.

Vorkommen und Mauser: Die Zwergseeschwalbe ist ein Zugvogel, der sich von Ende April bis Ende September als wenig häufiger und schutzbedürftiger Brutvogel an unseren Küsten und im küstennahen Binnenland aufhält. Die Erneuerung der Handschwingen erfolgt in mehreren Schüben, beginnend nach der Brut, über den Winter hinweg bis in das Frühjahr hinein, sodass im Hochsommer bis zu vier Handschwingen-Generationen vorhanden sein können.

Ähnliche Arten: Die Federn lassen sich anhand des Silberschimmers als Seeschwalbenfedern identifizieren, durch die geringe Größe unterscheiden sie sich von denen anderer Seeschwalben.

Tafel Seite 142

Brandseeschwalbe *Sterna sandvicensis*

Der Küstenvogel brütet in großen Kolonien.

Federmerkmale: Die äußeren, bis etwa 25 cm langen Handschwingen sind sehr kontrastreich gefärbt. Die äußere Hälfte ist schwarzgrau, der weiße Schaft zieht sich mitten durch dieses dunkle Feld. Der Rest der Innenfahne ist weiß. Die inneren Handschwingen sind weißlich-grau mit breitem weißem Innenband bis zur Spitze. Bei abgenutzten Federn fehlt das helle Band. Die Armschwingen sind zugespitzt und tragen nur wenig Pigment entlang des Schaftes. Die Steuerfedern sind sehr spitz und verlängern sich nach außen bis auf etwa 15 cm.

Beim Jungvogel sind die Handschwingen ähnlich wie beim Altvogel; die Armschwingen haben jedoch mehr Dunkelfärbung entlang des Schaftes und ein breites weißes Endband. Die Schirmfedern sind noch dunkler als die Armschwingen und tragen vor dem Ende ein auffallendes schwarz-weißes Pfeilmuster oder eine unregelmäßige Querbänderung. Die Steuerfedern haben graue Außenfahnen, die im Spitzenviertel in einem breiten schwarzbraunen Band enden. Daran schließt sich noch eine leicht rahmfarben getönte Endbinde an.

Vorkommen und Mauser: Die Brandseeschwalbe ist von den hier behandelten und häufigeren Seeschwalben die größte, was sich auch an den Federn zeigt. Wie die anderen Seeschwalben ist sie Zugvogel und an unseren Küsten brütender Sommergast. Sie hält sich hier frühestens von Februar/März an bis in den September hinein auf. Sie beginnt nach Ende der Brut mit der Mauser der Handschwingen, diese kann sich aber über den Wegzug hin bis in den Winter erstrecken.

Ähnliche Arten: Die Federn sind größer als die anderen hier behandelten Seeschwalbenfedern.

Tafel Seite 143

Flussseeschwalbe *Sterna hirundo*

Weibchen bettelt Männchen um Futter an.

Federmerkmale: Die Handschwingen nehmen ebenso wie die Steuerfedern von innen nach außen an Länge zu. Die inneren vier bis fünf Handschwingen sind – da frisch vermausert – grau mit silbrigem Glanz; die Innenfahne ist an der Basis ganz weiß, dieses weiße Feld verengt sich aber zur Federspitze hin und erreicht diese als schmaler Randsaum. Bei den äußeren Handschwingen scheint in der Aufsicht die Pigmentierung kräftiger. Das dunkle Feld zieht sich von der Federspitze aus ein Stück weit am Innenrand der Innenfahne entlang und ist breiter geschwärzt als die Außenfahne. Diese Handschwingen sind nicht vermausert und daher ist der silbrige Glanz durch Abnutzung vermindert. Aus der Sicht des Beobachters wirkt der innere Handflügel transparent, der äußere dunkel, auch von unten. Die Federn sind länger als die entsprechenden der Zwergmöwe, auch kann man sie an den hellen Schäften und dem erhaltenen silbrigen Glanz unterscheiden.

Die Armschwingen haben wieder eine graue Außenfahne, deren Grau über den Schaft hin ein Stück weit in die Innenfahne überlappt. Der größte Teil der Innenfahne ist aber weiß und hat Verbindung zu einer etwa 2 mm breiten Endbinde. Die Schirmfedern sind eintönig grau, teils mit weißem Endsaum; beim Jungvogel hebt sich von dem Endsaum ein brauner Keilfleck ab. Die Schäfte sind bei allen Armschwingen vom gleichen Grau wie die Fahnen.

Die beiderseits sechs Steuerfedern der Altvögel bilden einen schwalbenartig gegabelten Schwanz, sie nehmen von der Mitte nach außen hin an Länge zu und werden auch spitzer. Innenfahnen und Schäfte sind weiß, die Außenfahnen heben sich grau ab, können aber auch weiß sein. Die 6. Steuerfeder kann die 5. um mehr als 5 cm überragen, erreicht aber nicht die Länge wie bei der Küstenseeschwalbe.

Vorkommen und Mauser: Flussseeschwalben halten sich von April bis September in Mitteleuropa auf. In der übrigen Zeit ziehen sie sich südwärts an tropische Küsten zurück. Sie beginnen nach der Brut, aber noch im Brutgebiet mit der Mauser, unterbrechen die Erneuerung der Handschwingen dann bei Beginn des Zuges, um sie erst im Überwinterungsgebiet zu vollenden.

Ähnliche Arten: Die äußeren Steuerfedern sind bei der Küstenseeschwalbe länger als bei der Flussseeschwalbe. Der Schwanz der Flussseeschwalbe hat Grau auf den meisten Außenfahnen. Die äußerste Steuerfeder ist ein Viertel vor der Spitze plötzlich verengt. Die Mausergrenze im Handflügel ist bei der Küstenseeschwalbe nicht vorhanden.

Tafel Seite 144

Küstenseeschwalbe *Sterna paradisaea*

Die Flügel tragen sie bis in die Antarktis und zurück.

Federmerkmale: Die Handschwingen lassen beim Altvogel nicht die Mausergrenze im mittleren Handflügel erkennen wie bei der Flussseeschwalbe, sondern sind ganz durchscheinend bzw. verdunkeln sich zur Flügelspitze hin kontinuierlich. Der dunkle Streifen auf der Innenfahne der äußeren Handschwingen ist schmaler als die dunkle Außenfahne. Die weißen Bänder an der Spitze der Armschwingen sind mit etwa 3 mm etwas breiter als bei der Flussseeschwalbe. Zu den Schirmfedern hin können sie auch 1 cm breit werden. Bei den inneren Armschwingen vermindert sich das Grau auf den Innenfahnen.

Die Steuerfedern sind ähnlich gestuft wie die der Flussseeschwalbe, doch erreicht die 6. eine größere Länge. Sie kann bis zu 20 cm messen. Der Schwanz wirkt also tiefer gegabelt. Gewöhnlich haben nur die beiden äußeren Steuerfedern eine graue Außenfahne, die inneren sind ganz weiß.

Vorkommen und Mauser: Küstenseeschwalben sind Zugvögel, die von April bis September bei uns verweilen. Sie ziehen zwar teilweise durch das Binnenland, sind aber ansonsten stärker an die Küsten gebunden als die Flussseeschwalbe. Die Mauser findet erst im Überwinterungsgebiet statt, das heißt von Südafrika bis zum antarktischen Packeis.

Daher wird man Mauserfedern dieser Art bei uns an den Küsten nicht finden, was die Identifikation von Federn der Flussseeschwalbe erleichtert. Doch gibt es auch immer Einzelfedern, die auf Rupfungen oder anders zu Tode gekommene Vögel zurückgehen.

Ähnliche Arten: Die Federn sind größer als die der Zwergseeschwalbe, aber kleiner als die der Brandseeschwalbe. Im Unterschied zur Flussseeschwalbe verjüngen sich die sehr langen äußersten Steuerfedern gleichmäßig bis zur Spitze hin.

Tafel Seite 145

Höckerschwan

Cygnus olor

Beschreibung Seite 20

Die Tafel zeigt abweichend von dem in diesem Buch üblichen Muster eine Auswahl von Mauserfedern eines männlichen Höckerschwans. Von links nach rechts: eine Armschwinge, eine Schirmfeder, daneben eine der größten Oberen Handdecken, oben eine äußere linke Steuerfeder. Man beachte den Maßstab.

Graugans

Anser anser

Beschreibung Seite 21

Die Federn gehören ursprünglich zur rechten Seite, wurden aber durch Spiegelung angepasst. Die Steuerfedern stellen freie Funde vom Strand dar, lassen sich deswegen auch nicht einer bestimmten Position im Schwanz zuordnen.

Ringelgans

Branta bernicla

Beschreibung Seite 22

Die kleinste Gans mit recht einheitlich dunkelgrauen Federfahnen (vgl. Weißwangengans).

Weißwangengans

Branta leucopsis

Beschreibung Seite 23

Die Federn sind größer und weisen mehr Grau und mehr Kontrast auf als diejenigen der Ringelgans. Die zusätzlich abgebildete Rückendecke endet mit einem breiten dunklen Band und einem schmalen hellen Endsaum.

Brandgans

Tadorna tadorna

Beschreibung Seite 24

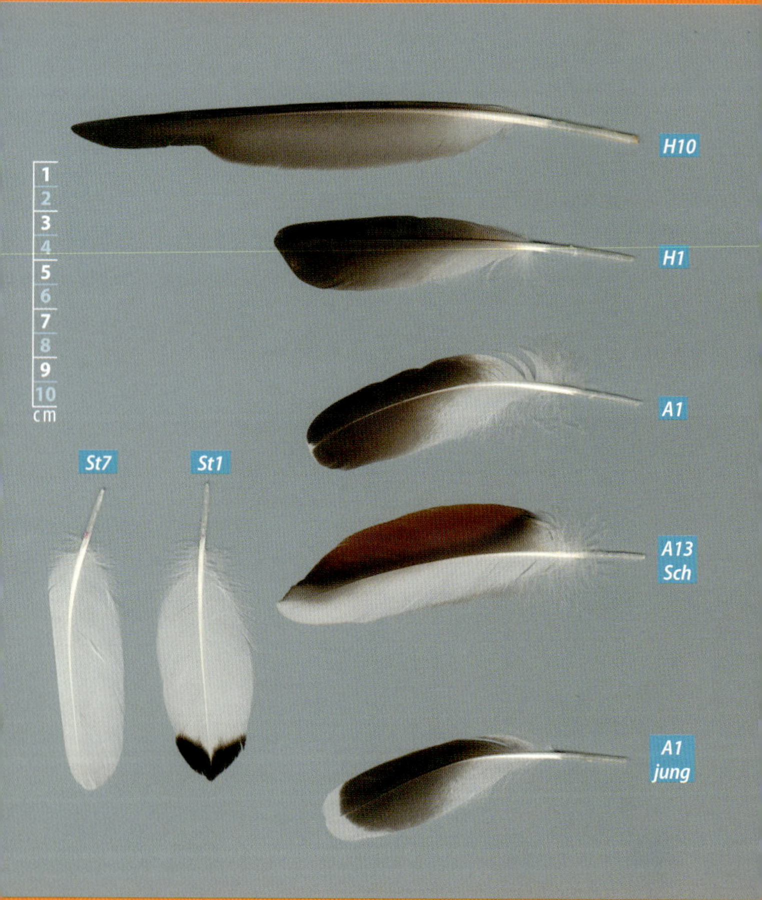

Die Tafel zeigt hauptsächlich Federn eines Altvogels, jedoch ganz unten eine Armschwinge eines jungen Weibchens mit einem breiten weißen Endband. Die äußerste Handschwinge H1 erzeugt an ihrer Spitze Flugschall. Die Schirmfeder (A13) ist eine der schönsten und auffälligsten Federn an der Küste.

Pfeifente

Anas penelope

Beschreibung Seite 25

Die Tafel zeigt Federn eines Männchens, die Flügelfedern von der linken Seite, die beiden Schwanzfedern von rechts.

Krickente

Anas crecca

Beschreibung Seite 26

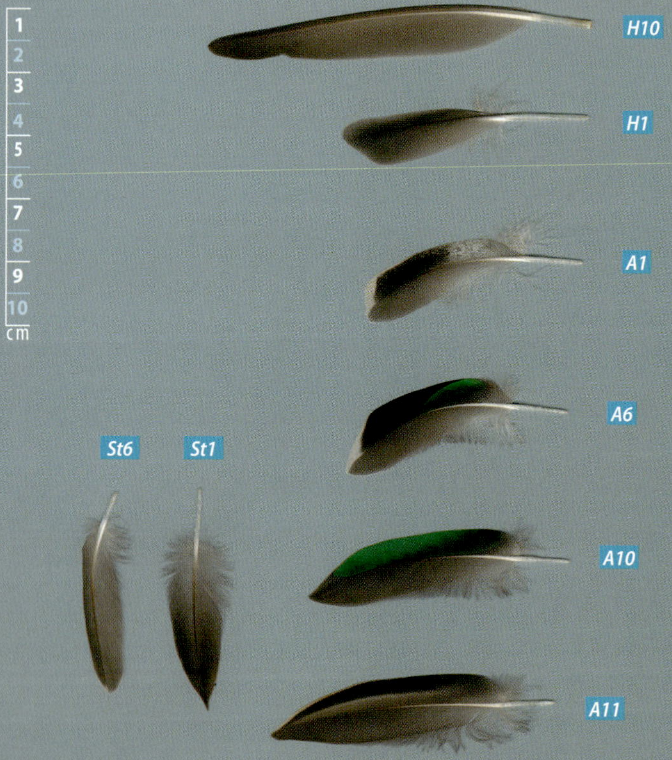

Die Tafel zeigt die Federn einer männlichen Krickente. Sie sind auffallend klein im Verhältnis zu denen anderer Enten. In der 10. Armschwinge erreicht das stark reflektierende grüne Spiegelfeld seine stärkste Ausprägung.

Stockente

Anas platyrhynchos

Beschreibung Seite 27

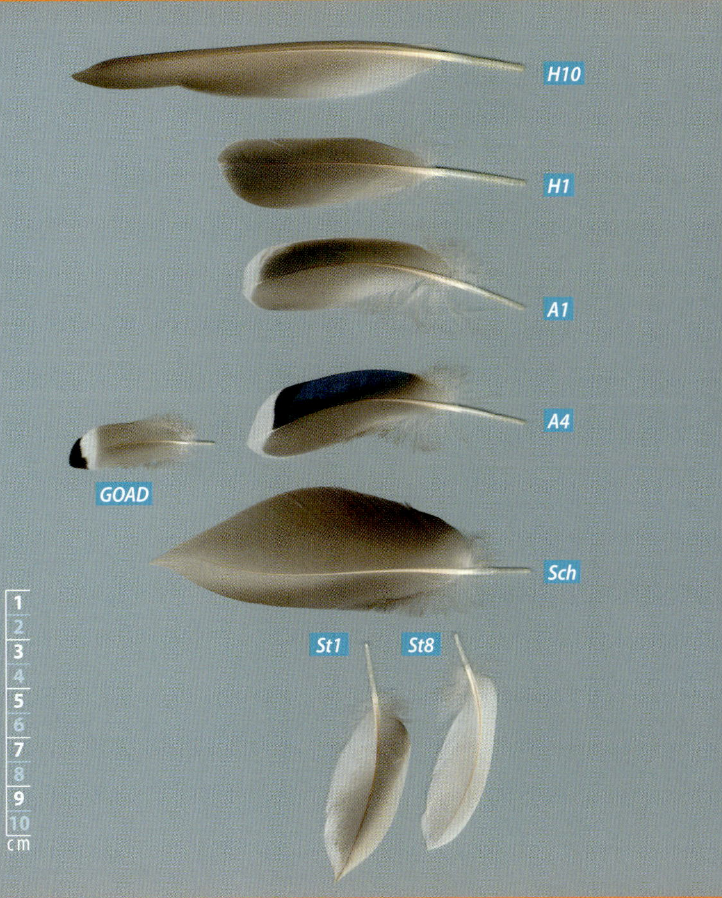

Die Tafel zeigt Federn eines männlichen Vogels, die Flügelfedern von der linken Seite, die Schwanzfedern von rechts. Die Armschwingen um A4 bilden mit ihren Außenfahnen den blau schillernden Spiegel. Er wird vorn und hinten durch weiße Bänder begrenzt, wozu auch die auffallenden Großen Oberen Armdecken (GOAD) beitragen.

Spießente

Anas acuta

Beschreibung Seite 28

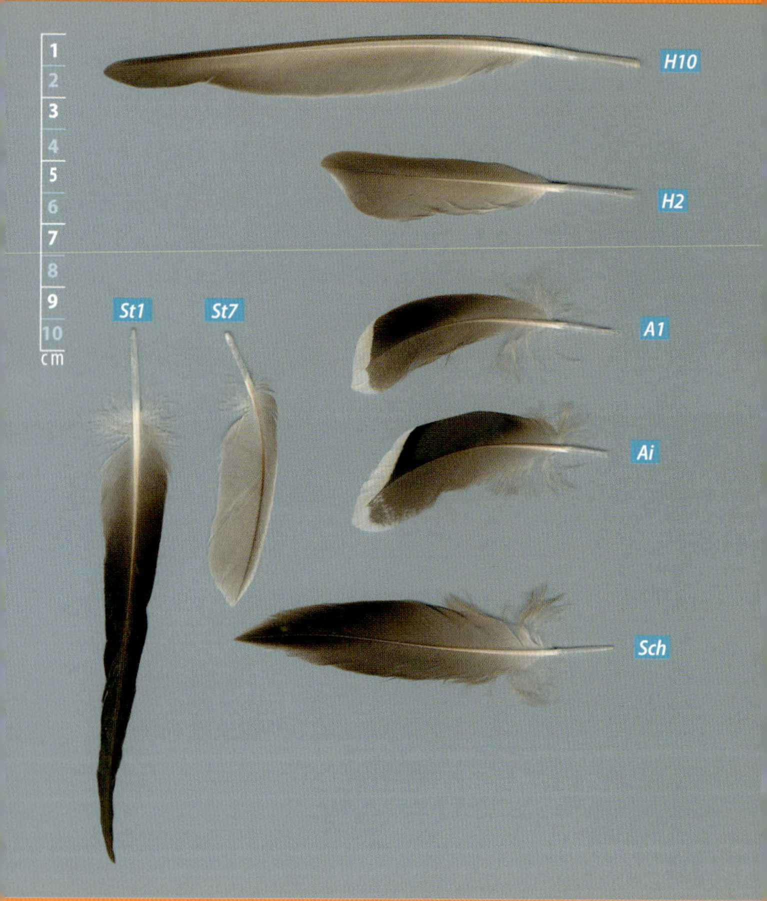

Die Tafel zeigt Federn eines Männchens, die Flügelfedern von der linken Seite, die beiden Schwanzfedern von rechts. Der Spiegel in den Armschwingen ist vergleichsweise schwach ausgeprägt.

Reiherente

Aythya fuligula

Beschreibung Seite 29

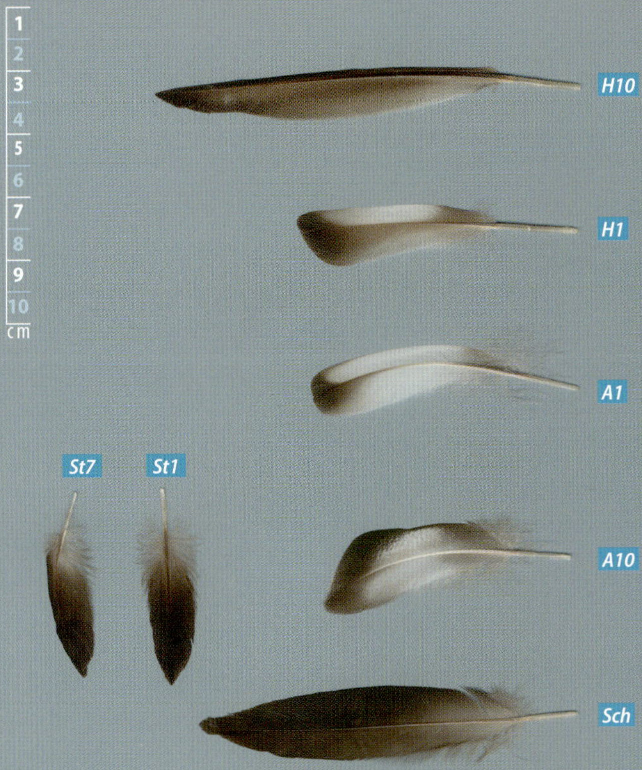

Die Tafel zeigt die große Ähnlichkeit zwischen Reiher- und Bergente im Großgefieder (vgl. Bergente S. 96). Die Reiherente ist ein wenig kleiner als die Bergente.

Bergente

Aythya marila

Beschreibung Seite 30

In der Tafel wird deutlich, dass die Federn des Großgefieders der Bergente denen der Reiherente (S. 95) sehr ähnlich sind, allenfalls etwas größer. Die Tafel zeigt Federn eines Erpels im Schlichtkleid. Die mittlere Steuerfeder S1 zeigt deutliche Zeichen von Abnutzung.

Eiderente

Somateria mollissima

Beschreibung Seite 31

Die Tafel zeigt die dunklen Federn einer weiblichen Eiderente; die nicht dargestellten inneren Armschwingen und Schirmfedern des Männchens im Prachtkleid sind cremeweiß (s. Abb. S. 32).

Eisente

Clangula hyemalis

Beschreibung Seite 33

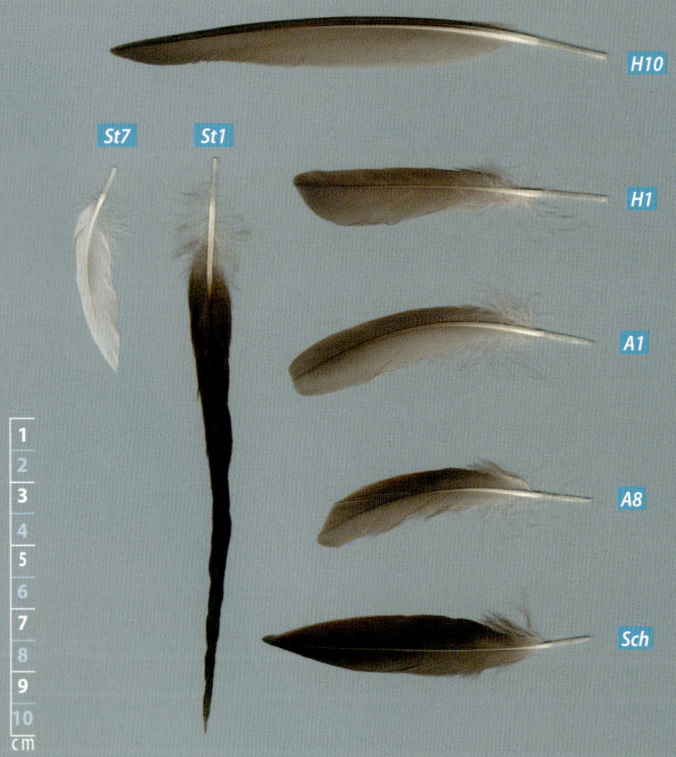

Im Vergleich zu anderen Enten fehlt jede Andeutung eines Spiegels. In der Tafel fällt besonders die lange dunkle mittlere Steuerfeder (St1) gegenüber der kurzen äußersten St7 auf.

Trauerente

Melanitta nigra

Beschreibung Seite 34

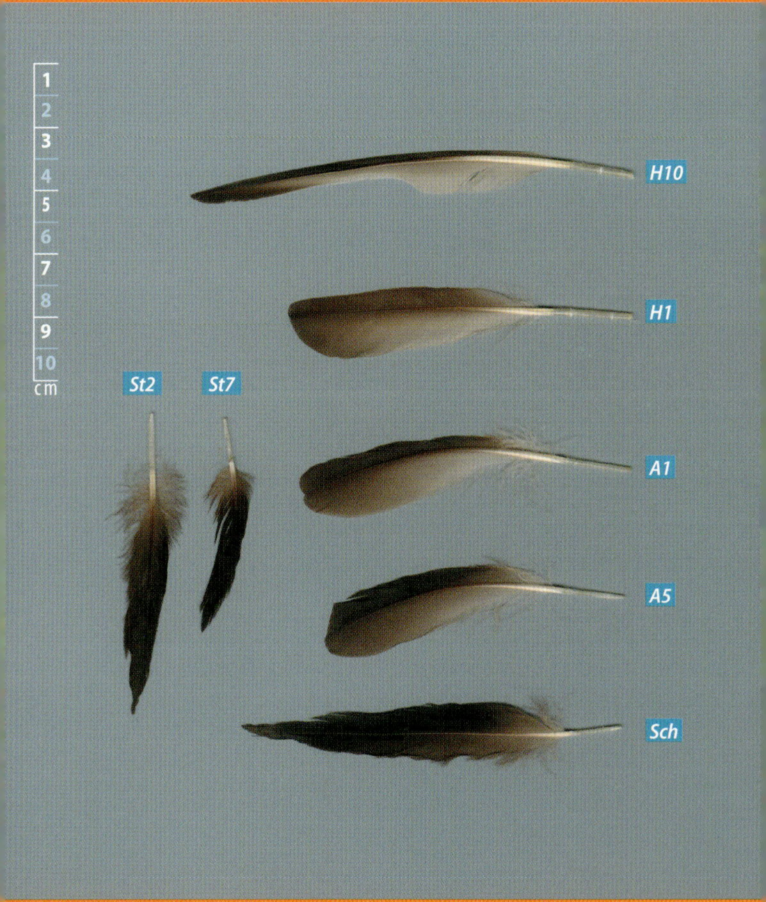

Die Tafel zeigt Federn eines alten Erpels, oben die äußerste Handschwinge mit ihrer Innenfahnenverengung, eine ausgeprägte Schallschwinge.

Samtente

Melanitta fusca

Beschreibung Seite 35

Die Tafel zeigt Federn eines ausgefärbten männlichen Altvogels. Sie sind größer als entsprechende Federn der Trauerente. Im Armflügel gibt es einen ausgedehnten weißen Spiegel.

Schellente

Bucephala clangula

Beschreibung Seite 36

Die weißen Spiegelfedern im Armflügel der Schellente haben weder eine schwarze Spitze wie bei der Samtente noch eine dunkel abgesetzte Basis wie bei Samtente, Mittel- und Gänsesäger.

Mittelsäger

Mergus serrator

Beschreibung Seite 37

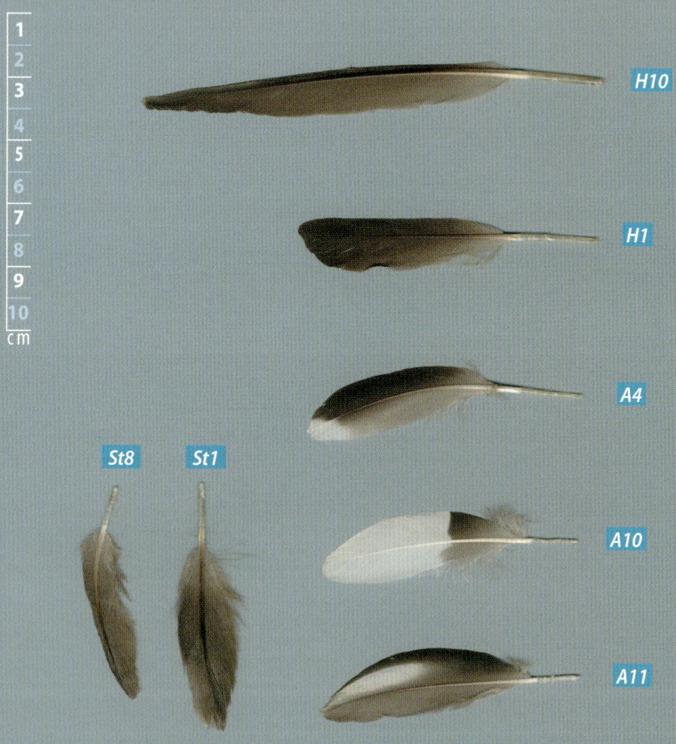

Die Federn sind im Vergleich kleiner als die von Gänsesägern.

Gänsesäger

Mergus merganser

Beschreibung Seite 37

Die Tafel zeigt ursprünglich Federn der rechten Seite eines Männchens. Aus Gründen der Vereinheitlichung wurde sie gespiegelt. Die Schirmfedern und die Schulterfedern bei den Erpeln sind schmal dunkel gesäumte Zierfedern.

Fasan

Phasianus colchicus

Beschreibung Seite 38

In der Tafel sind Federn einer Henne dargestellt, weil sie kürzer sind und besser in das Format passen als die Hahnenfedern. Die äußerste Armschwinge A1 (nicht dargestellt) wäre stark verkürzt. Man kann das gut sehen, wenn man einen vollständigen Flügel findet.

Sterntaucher

Gavia stellata

Beschreibung Seite 39

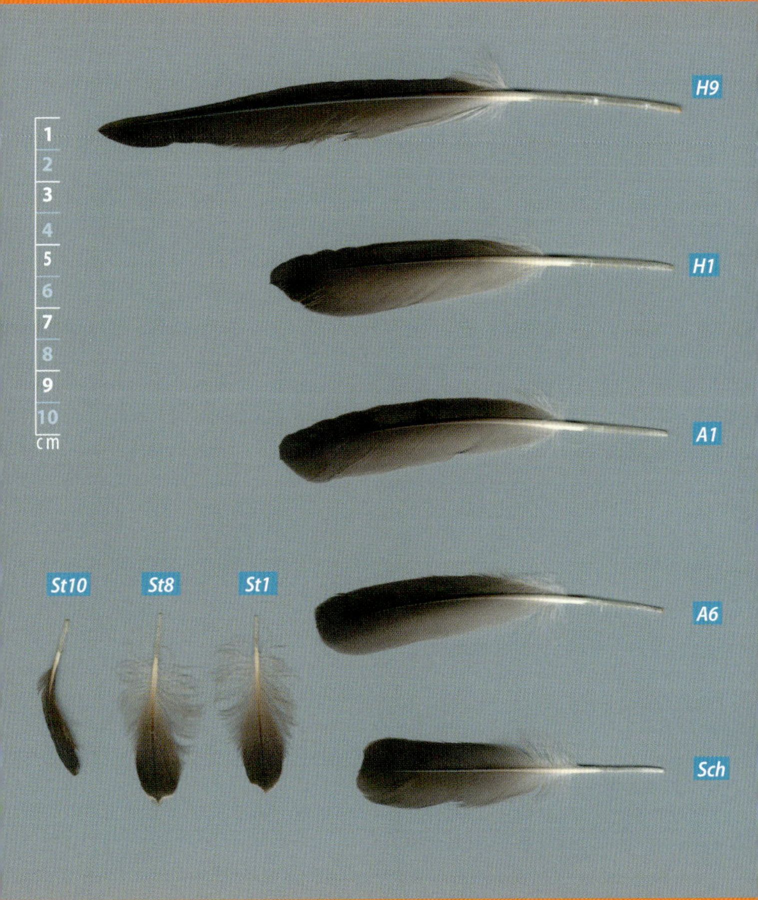

Im Vergleich zu den Federn des Prachttauchers (S. 106) sind die des Sterntauchers viel dunkler. Wegen der hellen Endflecken ist eine zusätzliche 8. Steuerfeder dargestellt.

Prachttaucher

Gavia arctica

Beschreibung Seite 40

Die Federn sind kaum größer, aber nicht so dunkel wie die des Sterntauchers (S. 105).

Eissturmvogel

Fulmarus glacialis

Beschreibung Seite 41

Die Tafel zeigt Federn eines Altvogels der hellen Form. Bezeichnend ist die verlaufende, hell blaugraue Tönung.

Basstölpel

Sula bassana

Beschreibung Seite 42

Die Tafel zeigt Flügelfedern und eine mittlere Steuerfeder eines Jungvogels, sämtlich sehr dunkel. Bei den Steuerfedern unten sind zwei leuchtend weiße eines Altvogels abgebildet.

Kormoran

Phalacrocorax carbo

Beschreibung Seite 44

Die Tafel zeigt Federn des linken Flügels, daneben zwei einzeln gefundene Steuerfedern ebenfalls der linken Seite (alle gespiegelt).

Austernfischer

Haematopus ostralegus

Beschreibung Seite 45

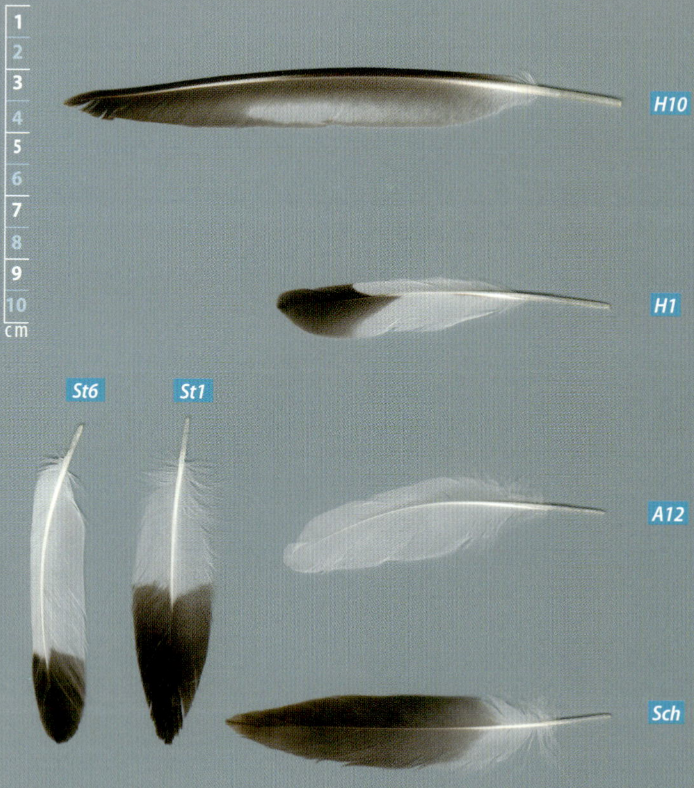

Die Federn des Austernfischers sind kontrastreich gefärbt und gehören zu den häufigsten und auffallendsten, die man an der Küste findet.

Säbelschnäbler

Recurvirostra avosetta

Beschreibung Seite 46

In der Tafel sind Federn eines Jungvogels dargestellt, was sich besonders an der gewölkten bräunlich-fleckigen Erscheinung der Schirmfeder (Sch) zeigt.

Kiebitzregenpfeifer

Pluvialis squatarola

Beschreibung Seite 47

Alle Federn haben mehr Weiß als die des nahe verwandten Goldregenpfeifers.

Goldregenpfeifer

Pluvialis apricaria

Beschreibung Seite 48

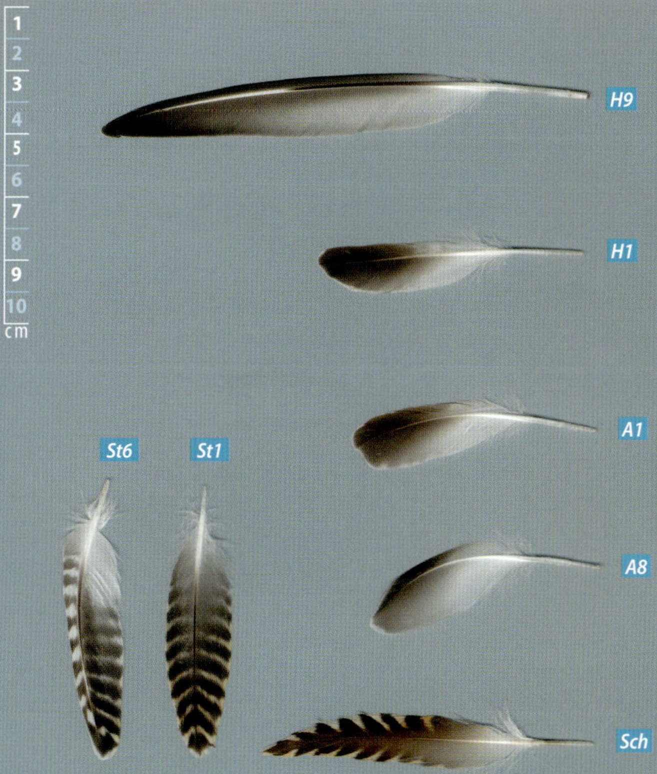

Die Federn sind ein wenig kleiner als die des Kiebitzregenpfeifers, aber viel weniger kontrastreich.

Kiebitz

Vanellus vanellus

Beschreibung Seite 49

Sehr bezeichnend sind die hellen Spitzenfelder der sonst schwarzen äußeren Handschwingen.

Sandregenpfeifer

Charadrius hiaticula

Beschreibung Seite 50

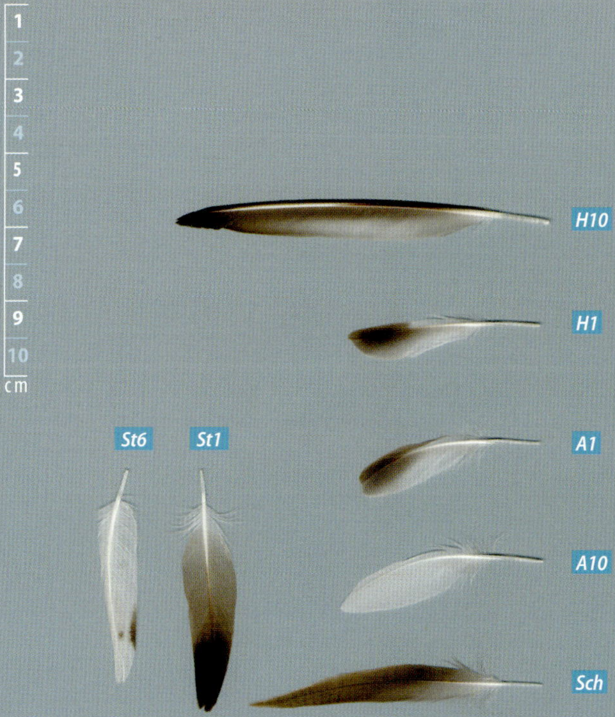

Bei aller Ähnlichkeit mit den Federn des seltenen Seeregenpfeifers (S. 116) sind die Federn des Sandregenpfeifers dunkler und der Schwanz ist ganz anders gezeichnet.

Seeregenpfeifer

Charadrius alexandrinus

Beschreibung Seite 52

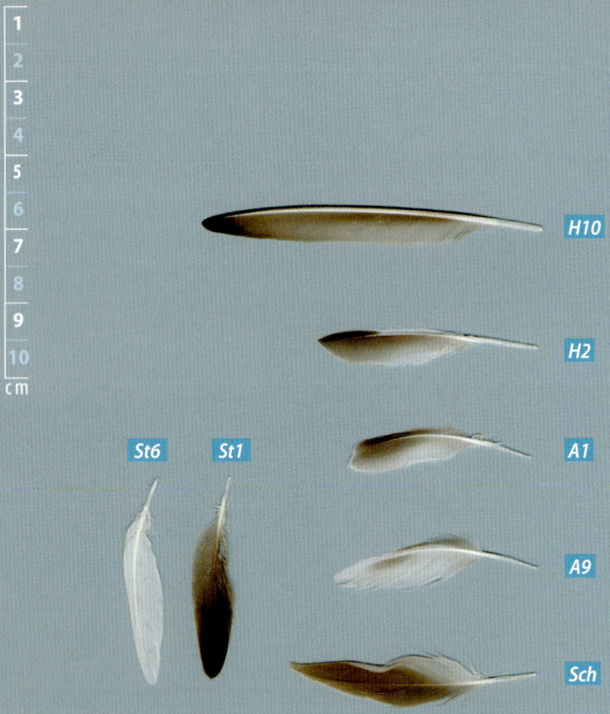

Die Steuerfedern des Seeregenpfeifers sind in der Schwanzmitte dunkel, nach außen zu hell.

Regenbrachvogel

Numenius phaeopus

Beschreibung Seite 53

Die Federn des Regenbrachvogels sind durchweg zierlicher als die des Großen Brachvogels (S. 118). Die Färbungsunterschiede betreffen vor allem die mittlere Steuerfeder und die äußerste Handschwinge H 10.

Großer Brachvogel

Numenius arquata

Beschreibung Seite 54

Die typische Bänderung löst sich bei den äußersten Handschwingen auf.

Uferschnepfe

Limosa limosa

Beschreibung Seite 55

Die Tafel stellt Federn eines Jungvogels dar, was sich besonders an dem hellbräunlichen Endsaum der Schirmfeder zeigt. Im Prachtkleid sind diese Federn stark ockerfarben gemustert, im Ruhekleid völlig graubraun.

Pfuhlschnepfe

Limosa lapponica

Beschreibung Seite 56

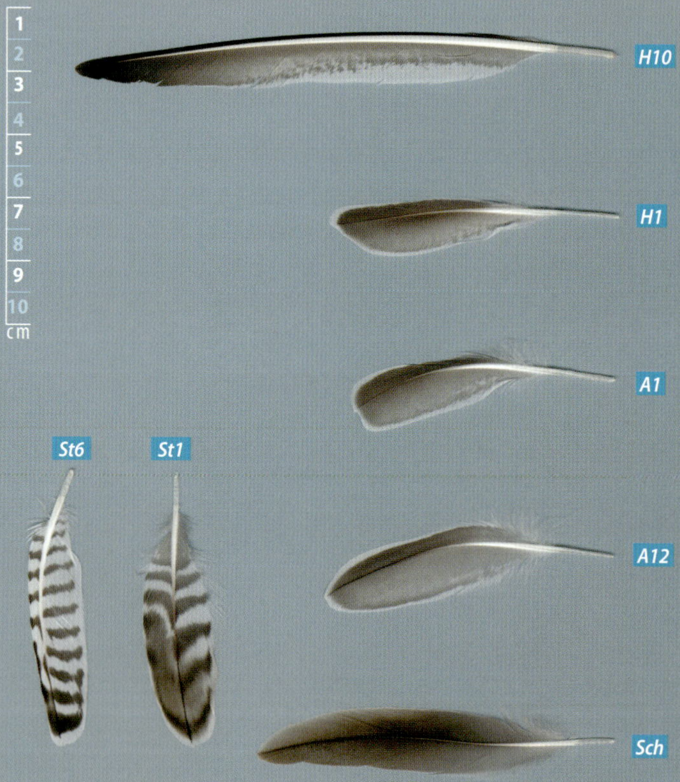

Bezeichnend sind bei den meisten Federn die hellen, ringsum laufenden Säume.

Waldschnepfe

Scolopax rusticola

Beschreibung Seite 57

Die Steuerfedern sind viel dunkler als die Schwingen und tragen am Ende einen grauen Fleck, der unterseits weiß leuchtet (s. Abbildung S. 58).

Dunkler Wasserläufer

Tringa erythropus

Beschreibung Seite 58

In der Tafel sind sowohl bei der Schirmfeder Sch als auch bei den Steuerfedern St1 und 2 Abnutzungserscheinungen zu sehen, die vor allem die hellen Flecken und Bänder betreffen. Eine Steuerfeder ist zu Vergleichszwecken zwischen die Armschwingen gestellt.

Rotschenkel

Tringa totanus

Beschreibung Seite 59

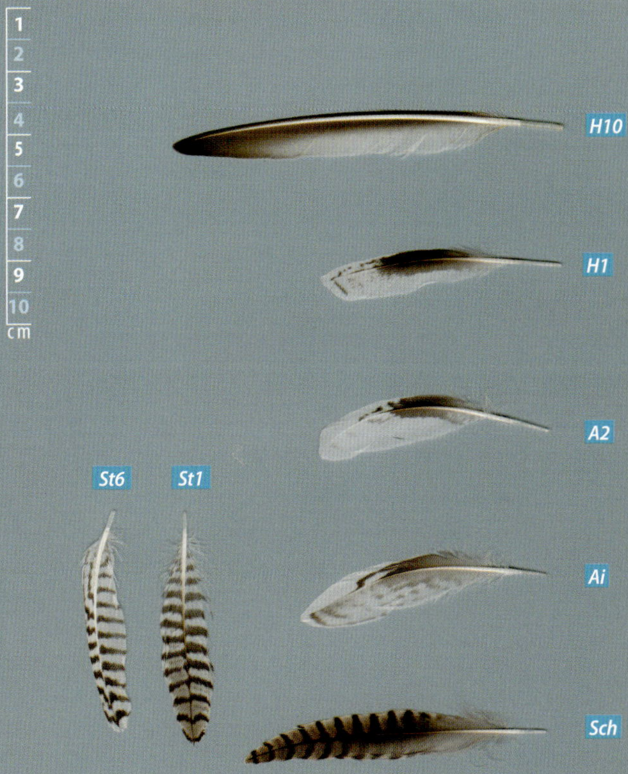

Verwechslungsgefahr besteht allenfalls bei den Steuerfedern; doch ist die Bänderung feiner und sauberer als beim Dunklen Wasserläufer, bei der Pfuhlschnepfe und dem Kiebitz- und Goldregenpfeifer.

Grünschenkel

Tringa nebularia

Beschreibung Seite 60

Der helle, ringsum laufende Saum an den meisten Schwingen ist nicht so ausgeprägt wie bei der Pfuhlschnepfe; hinzu kommt als Erkennungsmerkmal die fleckige Marmorierung der Innenfahnen.

Kampfläufer

Philomachus pugnax

Beschreibung Seite 61

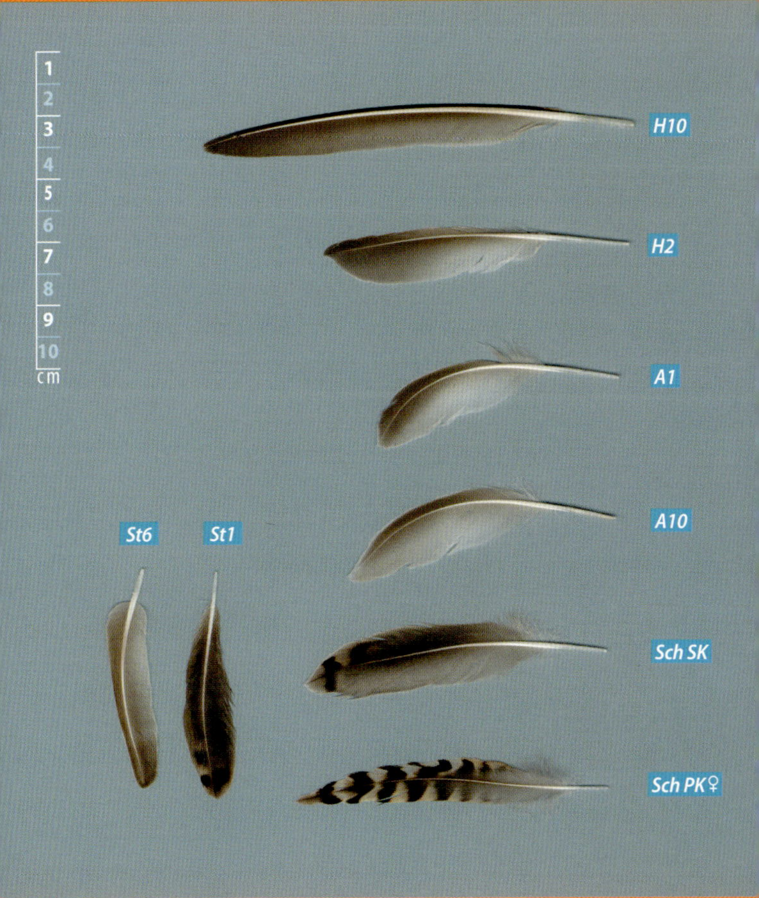

Die Tafel zeigt Federn eines Männchens im Schlichtkleid, was an der Schirmfeder Sch SK sichtbar ist. Darunter ist die Schirmfeder eines Weibchens im Prachtkleid abgebildet (Sch PK♀), die ein lebhaftes Muster zeigt. Diese Feder muss zweimal im Jahr gemausert werden.

Steinwälzer

Arenaria interpres

Beschreibung Seite 63

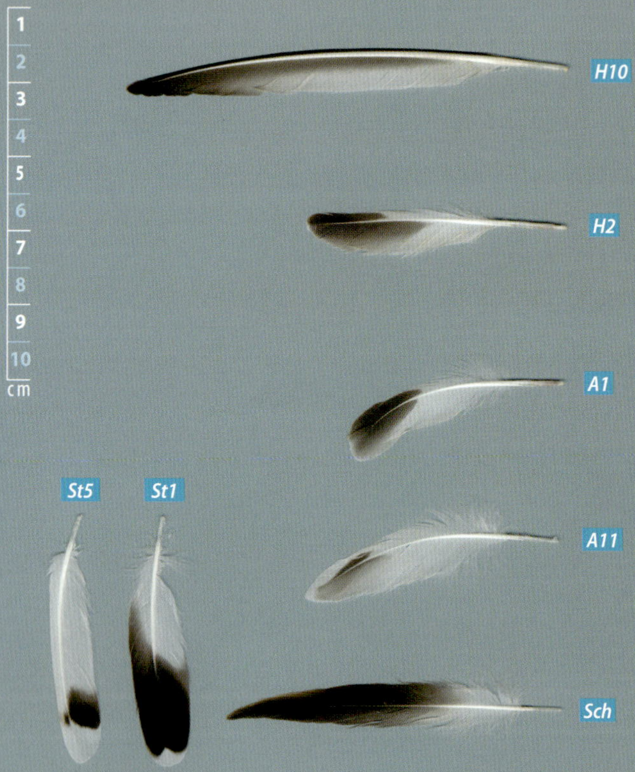

Die Federn erinnern im Färbungsmuster an die des Austernfischers, sind aber viel kleiner.

Knutt

Calidris canutus

Beschreibung Seite 64

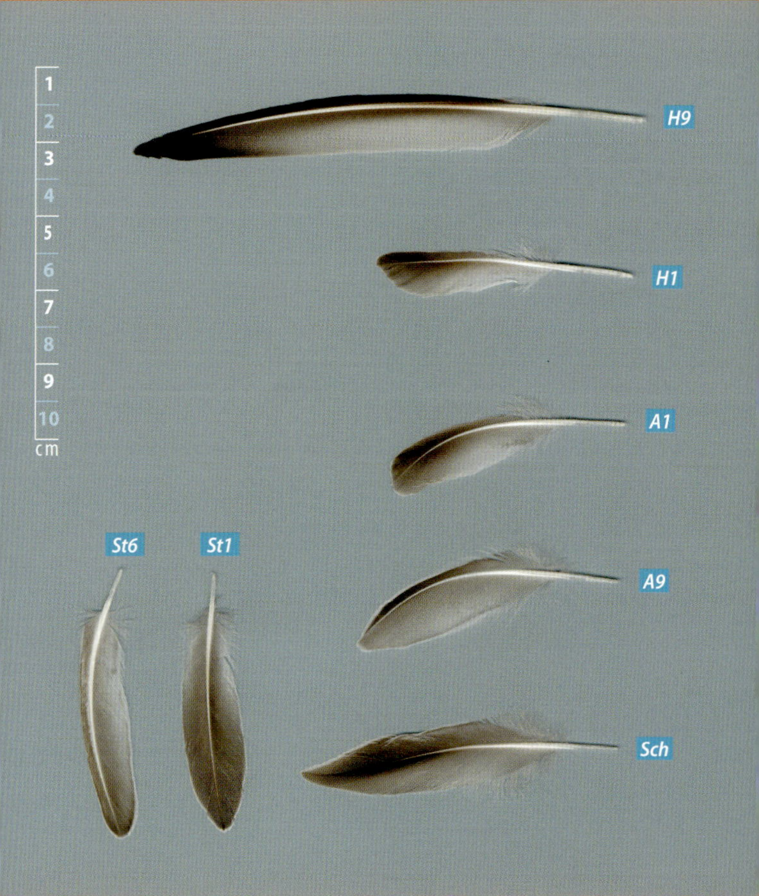

Unter den Strandläufern ist er der größte; dem entsprechen auch die Federn. Bezeichnend sind die hellen, umlaufenden Säume.

Sanderling

Calidris alba

Beschreibung Seite 65

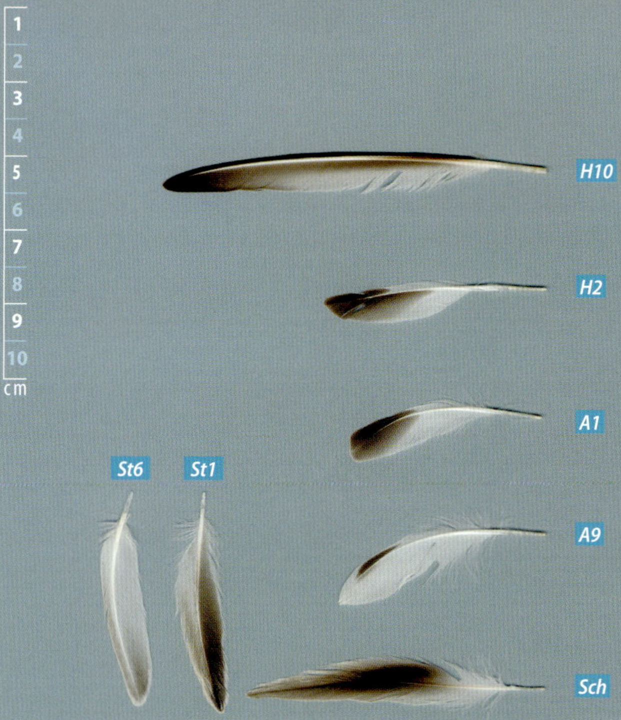

Sehr klein wie beim Alpenstrandläufer, aber kontrastreicher.

Sichelstrandläufer

Calidris ferruginea

Beschreibung Seite 66

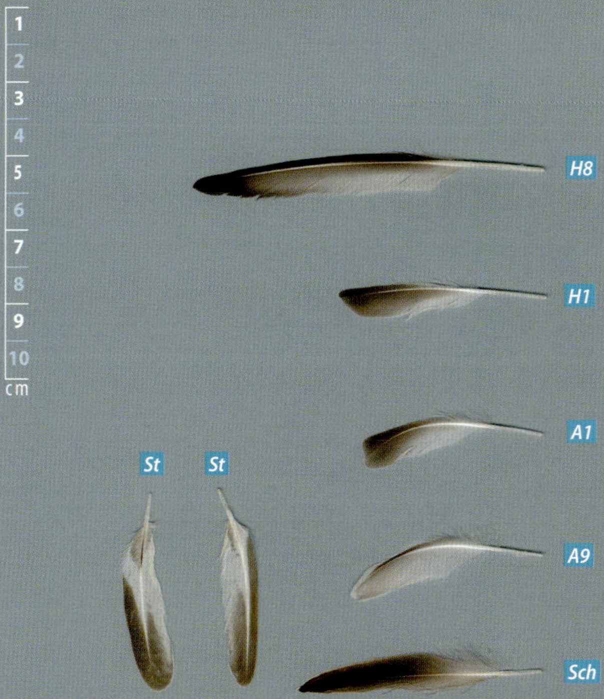

Unter den kleinen Strandläufern die seltenste Art. Die Steuerfedern sind einzeln gefundene Mauserfedern vom Schwarzen Meer.

Alpenstrandläufer

Calidris alpina

Beschreibung Seite 67

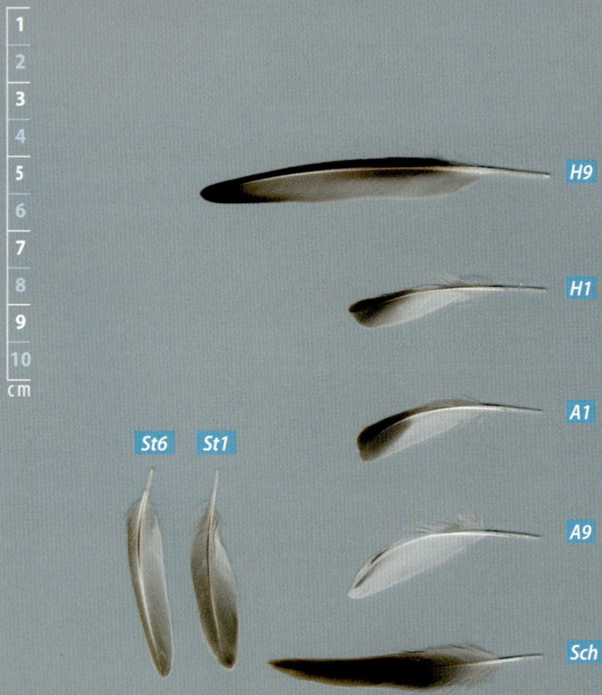

Die Tafel zeigt Federn eines Vogels im Ruhekleid, was an der eintönig gefärbten Schirmfeder Sch zu erkennen ist.

Papageitaucher

Fratercula arctica

Beschreibung Seite 68

Unauffällig gefärbter Alkenvogel. Weder die Armschwingen noch die Steuerfedern haben ein weißes Endband.

Krabbentaucher

Plautus alle

Beschreibung Seite 69

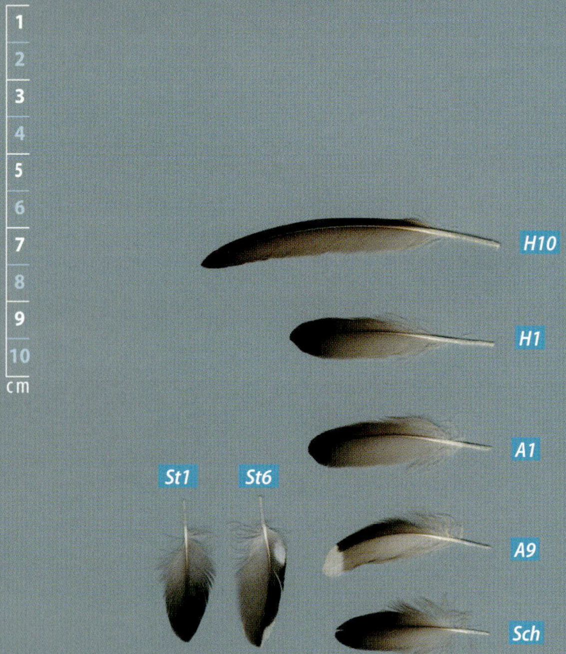

Allein schon wegen der geringen Größe unverkennbar.

Tordalk

Alca torda

Beschreibung Seite 70

Bezeichnend ist der lange Schwanz mit der zugespitzten mittleren Steuerfeder.

Trottellumme

Uria aalge

Beschreibung Seite 71

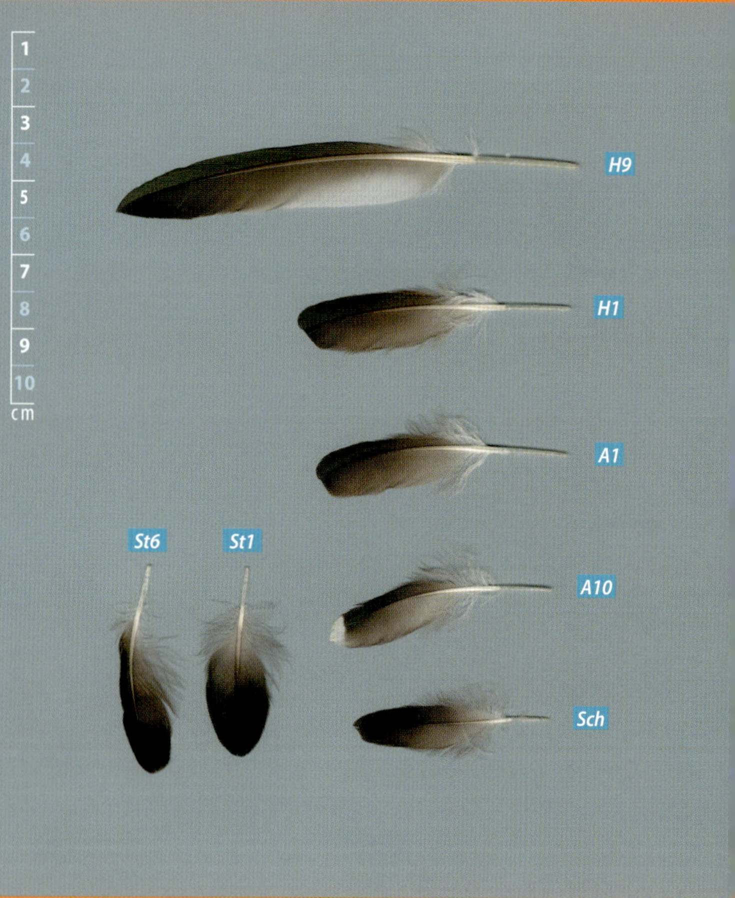

Bei allen Alken und anderen tauchenden Wasservögeln sind die Handschwingen auffallend zugespitzt.

Dreizehenmöwe

Rissa tridactyla

Beschreibung Seite 72

Die Tafel zeigt Flügelfedern und zwei weiße Steuerfedern des Altvogels, ganz unten eine rechte Steuerfeder eines Jungvogels zum Vergleich.

Zwergmöwe

Hydrocoloeus minutus

Beschreibung Seite 73

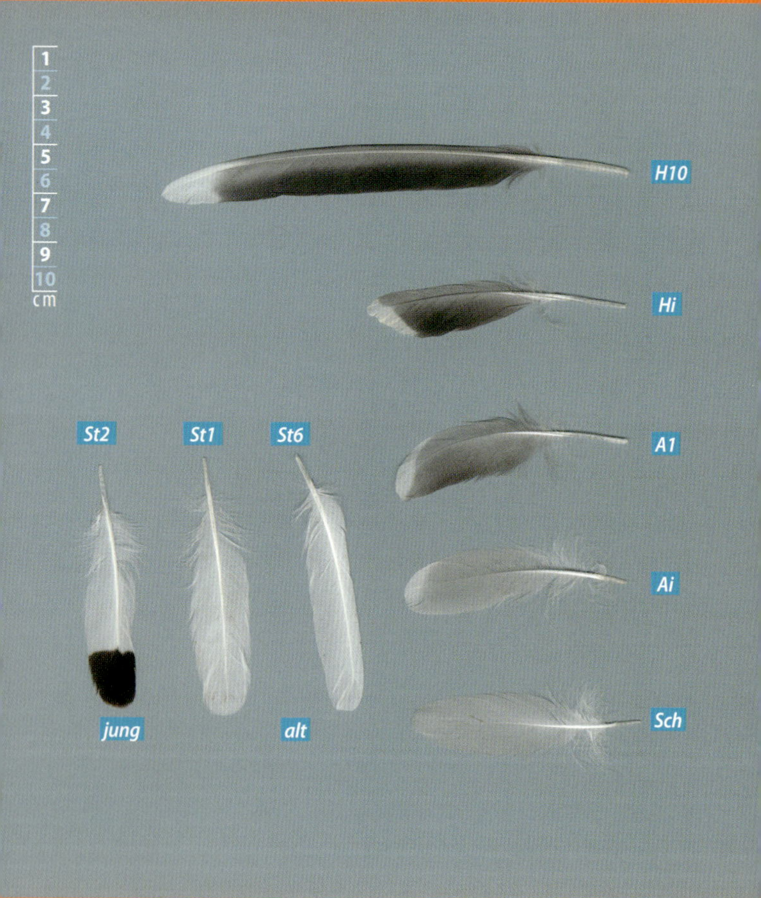

Die Tafel zeigt vorwiegend Flügel- und Schwanzfedern aus einer Rupfung eines Altvogels. Links ist jedoch zum Vergleich eine Steuerfeder eines Jungvogels dargestellt. Alle Steuerfedern stammen von der rechten Seite.

Lachmöwe

Larus ridibundus

Beschreibung Seite 74

Die Tafel zeigt hauptsächlich Flügelfedern und unten zwei weiße Steuerfedern einer alten Lachmöwe. Ganz unten ist eine Steuerfeder eines Jungvogels abgebildet.

Sturmmöwe

Larus canus

Beschreibung Seite 75

Die Tafel zeigt Federn eines Altvogels. Die äußere Handschwinge H9 wird gerade erneuert, ist noch nicht ausgewachsen und besitzt an der Basis einen Blutkiel mit Hornscheide. Federn eines Jungvogels siehe Abb. S. 76.

Silbermöwe

Larus argentatus

Beschreibung Seite 77

Die Tafel zeigt Federn eines Altvogels. Nur eine der einheitlich weißen Steuerfedern ist abgebildet, daneben die am Strand gefundene Steuerfeder eines Jungvogels zum Vergleich. Die Größenunterschiede können Geschlechterunterschiede sein: Die Männchen sind größer als die Weibchen.

Mantelmöwe

Larus marinus

Beschreibung Seite 79

Die Tafel zeigt Federn eines Altvogels aus Nordnorwegen. Jungvögel haben schwarzbraune Handschwingen, ähnlich wie Heringsmöwen. Über den beiden weißen Steuerfedern liegt eine äußere Steuerfeder eines Jungvogels.

Heringsmöwe

Larus fuscus

Beschreibung Seite 79

Bei dieser Art sind besonders die Unterschiede zwischen Alt- und Jungvögeln augenfällig. Der Jungvogel ist nur durch eine mittlere Steuerfeder (St1 jung) vertreten. Die Federn wurden gespiegelt.

Zwergseeschwalbe

Sternula albifrons

Beschreibung Seite 80

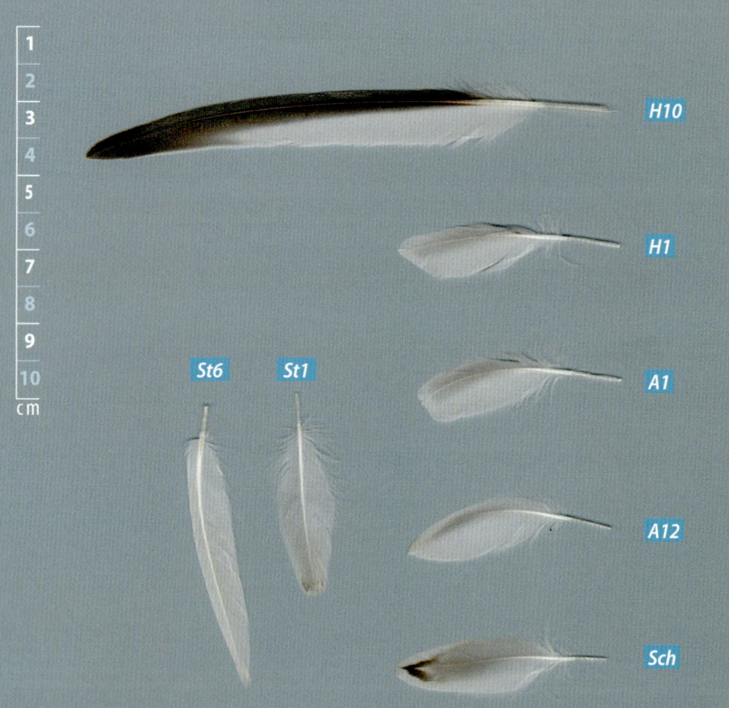

In der Tafel sind nur Federn eines Jungvogels im ersten vollständigen Federkleid dargestellt. Das ist besonders bei der Schirmfeder Sch mit ihrem Pfeilfleck deutlich.

Brandseeschwalbe

Sterna sandvicensis

Beschreibung Seite 82

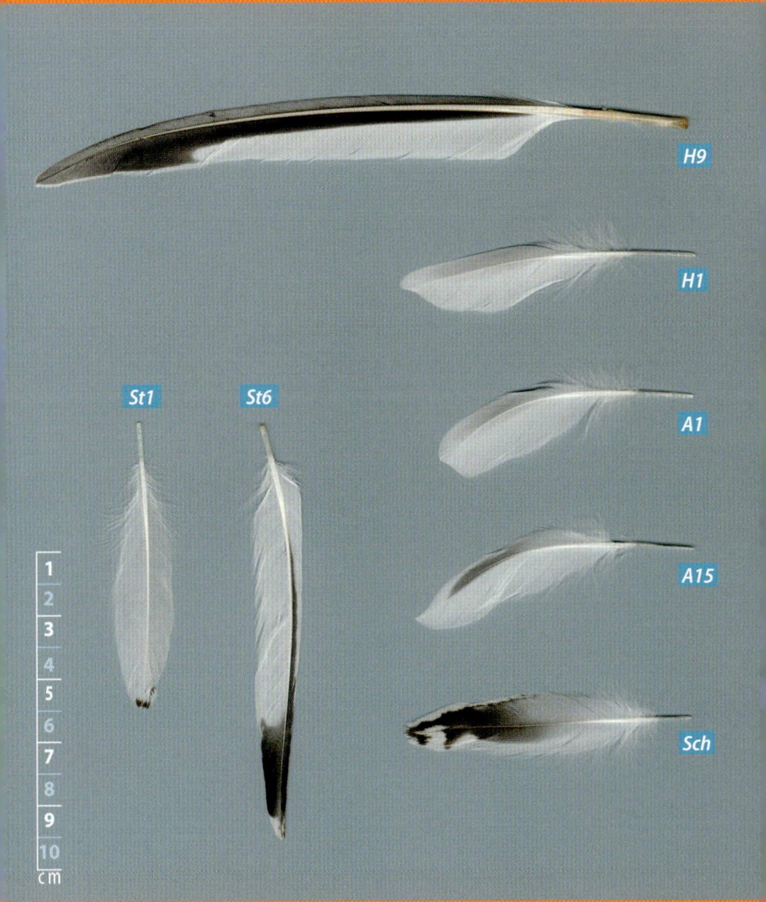

Die Tafel zeigt Federn eines Jungvogels, die noch so fleckig wie die Schirmfeder sein können. Auch die Färbung der Steuerfedern fehlt bei den Altvögeln.

Flussseeschwalbe

Sterna hirundo

Beschreibung Seite 83

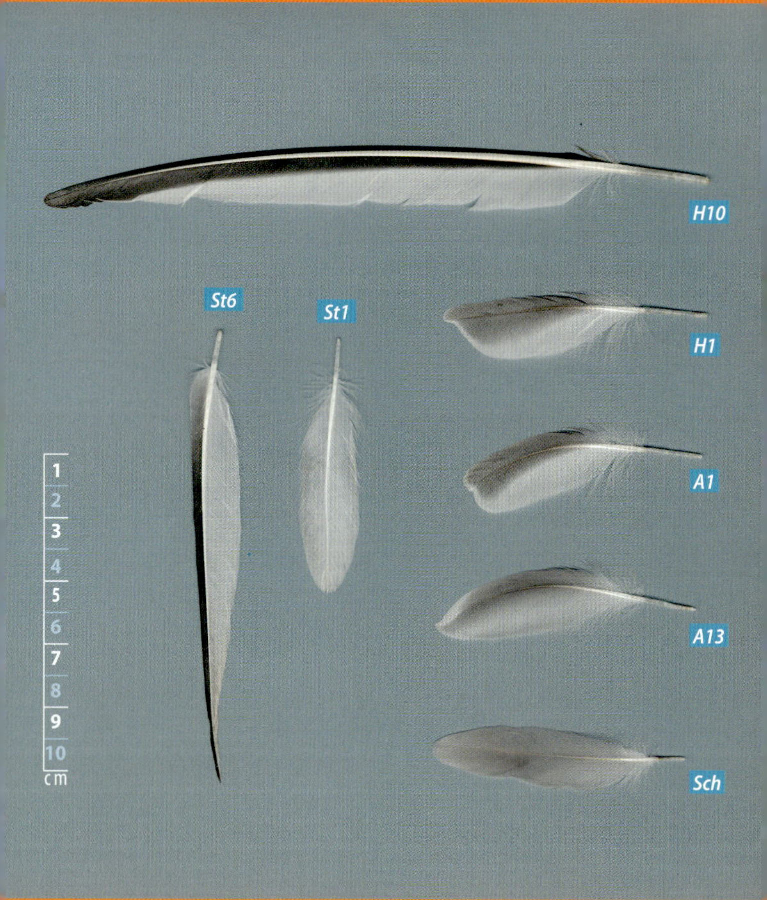

Die Federn sind etwa so groß wie die der Küstenseeschwalbe, haben aber mehr Grau und weniger Weiß. Die äußere Steuerfeder ist kürzer (Alterskleid).

Küstenseeschwalbe

Sterna paradisaea

Beschreibung Seite 84

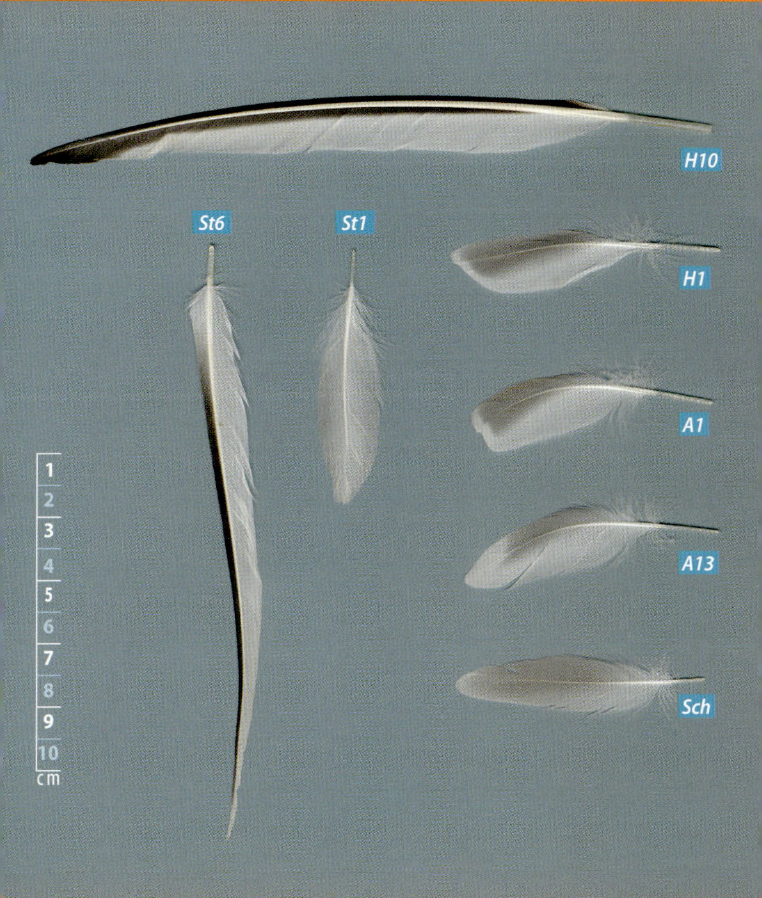

Die meisten Flügelfedern der Küstenseeschwalbe weisen mehr Weiß und weniger Grau auf als es bei der Flussseeschwalbe der Fall ist. Die äußere Steuerfeder ist länger.

Diese Federn wurden in einem Spülsaum am Südstrand in Wilhelmshaven aufgesammelt. Bestimmen Sie sie durch Vergleich mit den Tafeln in diesem Buch. Beachten Sie, dass in dieser Abbildung alle Federn im gleichen Maßstab dargestellt sind, im Buch aber verschieden. Erwarten Sie keine genauen Übereinstimmungen, weil auf den Tafeln des Buches nur ganz bestimmte charakteristische Federn aus Flügel und Schwanz eines Vogels dargestellt sind, in dem Fundmaterial hier aber alle möglichen Federn enthalten sein können. Die richtige Lösung finden Sie auf S. 151

Abkürzungen

H	Handschwinge; H1 ist die innerste Handschwinge im Flügel
Hi, Ha	Handschwinge innen, außen
A	Armschwinge; A1 ist die äußerste Armschwinge
Ai, Aa	Armschwinge innen, außen
St	Steuerfeder; St1 ist die mittlere Steuerfeder, St6 meist die äußerste
Sti, Sta	Steuerfeder innen, außen
Sch	Schirmfeder
SK	Schlichtkleid
PK	Prachtkleid
GOAD	Große Obere Armdecke
♂	Männchen
♀	Weibchen

Die Federn konnten wegen ihrer Größe nicht 1:1 abgebildet werden. Sie wurden deshalb verkleinert dargestellt. Es gibt drei Maßstäbe:

- Die größten Federn wurden auf die Hälfte verkleinert (1:2). Beispiel Mantelmöwe.
- Mittelgroße Federn wurden weniger verkleinert (1:2,4). Beispiel Mittelsäger.
- Die kleinsten Federn wurden nur schwach verkleinert (1:3). Beispiel Alpenstrandläufer

Fachbegriffe

Dieses Buch soll möglichst nicht mit zu viel Fachwissen belastet werden, doch ganz ohne Fachwörter geht es nicht. Manche treten bereits in der Einführung auf, andere in den Artentexten. Hier sind die wichtigsten zusammengestellt und erklärt.

Alula
Der Daumenfittich als Teil des Handflügels besteht bei Wasservögeln aus vier sehr kurzen Schwingen; er kann beim Landen, teils auch beim Tauchen, abgespreizt werden.

Armschwinge
Armschwingen sind viel kürzer als die Handschwingen, haben eine seitlich gebogene Form, sitzen am Unterarm des Vogels zwischen Handflügel und Schulter und dienen vorwiegend dazu, den Vogel beim Gleitflug in der Luft zu halten. Die Außenfahne ist schmaler als die Innenfahne.
Bei Singvögeln gibt es meist nur neun bis zehn Armschwingen (einschließlich der Schirmfedern), bei Nichtsingvögeln kann ihre Zahl größer sein. Sie werden entsprechend ihrem Mausermodus von außen nach innen hin gezählt.

Ellenbogenfeder
Die innersten Armschwingen sitzen in der Ellenbogenregion des Armes an. Gleichbedeutend mit Schirmfedern. Bei vielen Vogelarten, besonders Watvögeln und Enten, sind sie verlängert und tragen besondere Muster.

Fahne
Die zart gebaute Federfläche, die auf beiden Seiten am Schaft der Feder ansitzt. Bei den Schwingen und Schwanzfedern ist die Außenfahne meist schmaler als die Innenfahne. Je weiter außen die Feder am Vogel ansitzt, desto stärker ist ihre Asymmetrie ausgebildet.

Feder
Eine Feder ist ein unbelebtes Hautgebilde des Vogels – so wie die Haare bei Säugetieren. Sie wächst beim Jungvogel ebenso wie beim mausernden Vogel aus einer Hautpapille heran. Als wachsendes Gebilde trägt sie noch einen gut durchbluteten Basalteil, den Blutkiel. Später stirbt die Feder ganz ab und ist gefühllos. Nur an der Basis in der Haut ist die Feder von Nerven und Muskeln umgeben und kann bewegt werden. Hier fühlt der Vogel auch, wenn die Feder berührt wird und es tut ihm weh, wenn sie mit Gewalt ausgerissen wird.

Glanzstreifen
Ein besonders bei Entenvögeln auffälliger, auf der Unterseite der

Handschwingen den Kiel begleitender, fettig-glänzender Streifen, der der Stabilisierung der Feder dienen soll. Manche verwenden auch den Begriff Schmalzrinne dafür.

Großgefieder
Hierzu gehören die Hand- und die Armschwingen einschließlich der Schirmfedern sowie die Steuerfedern. Man kann auch die Federn des Daumenfittichs, der Alula, dazuzählen. Demgegenüber stehen die Körperfedern, die man als Kleingefieder zusammenfasst.

Handschwinge
Die kräftigsten, meist längsten und haltbarsten Federn eines Vogels. Sie sitzen am Handflügel, haben eine gestreckte Form und dienen dazu, den Vogel im aktiven Flug vorwärts zu treiben und können auch beim Gleit- und Segelflug behilflich sein. Die Außenfahne ist schmaler als die Innenfahne. Sie werden erst ziemlich spät gemausert. Die Erneuerung erfolgt meist von innen nach außen, das heißt vom Handgelenk aus zur Flügelspitze hin. Deswegen werden die Handschwingen vom Handgelenk aus nach außen hin gezählt. Meist sind es zehn oder elf an der Zahl.

Kiel
Die tragende Einheit der Feder. Sie besteht aus dem Schaft, an dem die Fahnen ansitzen, und der fahnenfreien, hohlen Spule, die in der Haut steckt.

Kleingefieder
Körpergefieder: Alle die Körperoberfläche bedeckenden Federn, ohne die Daunen und ohne die Schwanzfedern und Schwingen des Flügels. Das Kleingefieder gibt dem Vogel die äußere Form und Färbung, es schützt ihn gegen Temperaturschwankungen und viele andere Außeneinflüsse.

Konturfeder
Eine Feder mit Fahnen. Sowohl die Federn des Großgefieders als auch die Körperdecken gehören dazu. Die Dunen oder Daunenfedern haben keine Fahne und gehören nicht zu den Konturfedern.

Mauser
Erneuerung des Federkleides. Dieser energiezehrende Prozess geht langsam vor sich, wobei die Federn in einer bestimmten Reihenfolge nacheinander ausfallen und nachwachsen. Deswegen zieht sich der Vorgang unter Umständen über Monate hin. Bei den meisten Vögeln ist der Prozess so gesteuert, dass die entstehende Mauserlücke im Flügel jeweils nur drei bis vier Federn erfasst, sodass sie weiter fliegen können. Bei manchen Vögeln (Seetaucher, Entenvögel, Alken) fallen die

Flügelfedern jedoch innerhalb weniger Tage aus und wachsen dann gleichzeitig nach. Diese Vögel sind eine Zeit lang flugunfähig. Manche Vögel erneuern die Körperfedern zweimal im Jahr und wechseln zwischen einem Prachtkleid, das sie im Frühjahr und Sommer tragen, und einem unauffälligen Schlichtkleid im Herbst und Winter.

Prachtkleid

Auffälliges Kleid, vor allem beim Männchen. Es entsteht durch Mauser oder Gefiederabrieb nach dem Schlichtkleid. Früher sprach man vom Brutkleid. Da das Prachtkleid beispielsweise bei Enten lange Zeit vor der Brutphase angelegt wird, ist der Begriff Prachtkleid jedoch besser geeignet.

Rupfung

Greifvögel und manche Eulen, die einen Vogel erbeutet haben, rupfen mehr oder weniger sorgfältig seine Federn aus, bevor sie ihn verzehren. Man findet dann als Rest der Mahlzeit einen Haufen Federn, oft an einer etwas erhöhten Stelle – eben die Rupfung. Ein Wanderfalke hinterlässt meist das noch zusammenhängende Flügelpaar, manchmal auch andere Skelettelemente. Sind die Federn unten abgebissen, so war ein Säugetier als Beutegreifer beteiligt – zum Beispiel ein Rotfuchs. Manchmal entsteht eine Mischrupfung dadurch, dass an einer Stelle zwei Vögel gerupft worden sind. Rupfungen sind oft unvollständig, weil der Greifvogel den Platz gewechselt hat oder der Wind Federn verweht hat. Es kann auch geschehen, dass ein Greifvogel die Beute verlassen hat und dann ein Fuchs oder Marder sie weiter nutzt. Dann liegen ausgerupfte neben abgebissenen Federn.

Schaft

Der solide Teil des Federkiels, der auf beiden Seiten die Fahne trägt.

Schirmfeder

Gleichbedeutend mit Ellenbogenfeder. Sie sind meist gerade gestreckt und fast symmetrisch geformt, das heißt die Außenfahne ist ungefähr so breit wie die Innenfahne. Sie dienen dazu, bei gestrecktem Flügel die Gleitfläche zwischen Armschwingen und Körper zu schließen, bei zusammengelegtem Flügel legen sie sich schützend auf die Schwingen. Bei den Watvögeln (Limikolen) sind sie flexibler und viel länger als die Armschwingen.

Schlichtkleid

Unauffälliges Kleid, das durch Mauser nach dem Prachtkleid entsteht, vor allem außerhalb der Fortpflanzungsperiode. Bei Enten wird es nur kurzfristig für die Zeit der Großgefiedermauser angelegt. Der alte Begriff ist Ruhekleid.

Schwanzfeder

Eine Schwanzfeder des Vogels dient einerseits dem Steuern im Flug; der Schwanz wird andererseits beim Landen stark gespreizt und hilft beim Bremsen. Sie heißen auch Steuerfedern und sind meist relativ kurz und stabil. Die äußeren sind asymmetrisch geformt mit sehr schmaler Außenfahne, die inneren sind beinahe symmetrisch. Diese innersten Steuerfedern haben oft ein abweichendes, tarnendes Färbungsmuster und decken den zusammengelegten Schwanz nach oben ab, wie die Schirmfedern es im Flügel tun. Der Schwanz ist in der Regel symmetrisch aufgebaut und besteht auf jeder Seite aus 6, insgesamt also aus 12 Federn. Bei Entenvögeln sind es in der Regel auf jeder Seite 7, also insgesamt 14. Weniger Federn kommen selten vor, doch manche Arten haben mehr. Die Schwanzfedern werden bei der Mauser meist von der Schwanzmitte nach außen hin in beide Richtungen erneuert und deshalb auch so gezählt. Feder 1 steht jeweils in der Mitte, die 6., 7. oder 8. ist die äußerste.

Schwinge

Eine der Flugfedern aus dem Hand- oder dem Armflügel. Landläufig wird darunter auch der ganze Flügel verstanden (auch Fittich genannt). In diesem Buch ist aber mit Schwinge immer eine einzelne Flügelfeder gemeint.

Steuerfeder

siehe Schwanzfeder

Auflösung Federquiz S. 146

1 Handschwinge Krickente, 2 Steuerfeder Weißwangengans, 3 Steuerfeder Steinwälzer, 4 Handschwinge Alpenstrandläufer, 5 Handschwinge Waldschnepfe, 6 Armschwinge Stockente, 7 Steuerfeder Brandgans, 8 Handschwinge Austernfischer, 9 Armschwinge Rotschenkel, 10 Steuerfeder Sandregenpfeifer.

Literatur

Bauer, H.-G., E. Bezzel & W. Fiedler (Hrsg., 2005): Das Kompendium der Vögel Mitteleuropas. Alles über Biologie, Gefährdung und Schutz. Aula-Verlag, Wiebelsheim, 2. Aufl.

Bergmann, H.-H. (2010): Aves, Vögel. In: Westheide, W. & R. Rieger (Hrsg.): Spezielle Zoologie. Spektrum, Heidelberg, 2. Aufl.

Berndt, R.K., K. Hein, B. Koop & S. Lunk (2005): Die Vögel der Insel Fehmarn. Husum Druck- und Verlagsgesellschaft, Husum.

Bezzel, E. (2003): Vogelfedern – Federn heimischer Arten bestimmen. BLV Verlag, München.

Busching, W.-D. (1997): Handbuch der Gefiederkunde europäischer Vögel. Bd. 1, Aula-Verlag, Wiesbaden.

Busching, W.-D. (2007-8): Watvogelstudien. Seevögel 28 (3): 58–69; (4): 99–107; 29 (1): 3–9.

Dierschke, J., R. Lottmann & P. Potel (2008): Vögel beobachten im Nationalpark Niedersächsisches Wattenmeer. Nationalparkverwaltung Niedersächsisches Wattenmeer, Wilhelmshaven.

Fünfstück, H.-J. (2008): Ein hilfreiches Instrument: die Federsammlung. Der Falke 55 (Heft 6): 216, mit Kommentaren in Heft 10, 2008, S. 397.

Glutz von Blotzheim, U.N. & K. M. Bauer (Hrsg., 1966–1997): Handbuch der Vögel Mitteleuropas. Akademische Verlagsgesellschaft, Wiesbaden.

Schutzstation Wattenmeer (o. J.): Vogelfedern am Meer. Naturschule Wattenmeer. Eine Falttafel mit wetterfester Polyester-Laminierung. Idee R. Borcherding. Verlag Idee & Konzept. Erhältlich in den Wattenmeer-Nationalparkhäusern.

Stock, M., H.-H. Bergmann & H. Zucchi (2008): Watt – Lebensraum zwischen Land und Meer. Boysen, Heide, 3. Aufl.

Svensson, L., P. J. Grant, K. Mullarney & D. Zetterström (2009): Der neue Kosmos Vogelführer. Franckh-Kosmos Verlag, Stuttgart, 2. Aufl.

Zang, H. u. a. (Hrsg., 1985 ff.): Die Vögel Niedersachsens und des Landes Bremen. Naturschutz und Landschaftspflege in Niedersachsen, Sonderreihe B, Hannover.

Bildquellennachweis

Arndt, H.: 30, 34, 40
Arndt, S.-E.: 69u
Bergmann, H.-H.: 6, 7o, 7r, 9, 10, 11, 12l, 12r, 13, 14, 15, 17, 21, 22, 23, 24, 25, 26, 27, 28, 29, 32u, 36, 37, 38u, 41, 42, 44, 51o, 51u, 53, 60, 61, 63, 64, 67, 71, 72, 73, 75, 76o, 77, 78, 79, 80, 83, 84, 146
Dietrich, M.: 33
Engelhardt, C.: 38o, 62
Estner, N.: 54, 55
Ferdinand, J.: 69o
Glader, H.: 82
Groß, R.: 57
Kusche, H.: 49
Probst, V.: 39, 46, 48, 56, 66
Römhild, M.: 52
Schäf, M.: 20, 45, 47, 59, 65, 81
Seibel, T.: 35
Weiss, J.: 70
Willner, W.: 32o,

Umschlagabbildung:
Federn des Großen Brachvogels

Fundliste und Register der Arten

Die normal gedruckte Seitenzahl verweist auf die Beschreibung der Art, die fett gedruckte auf die zugehörige Tafel.

✓	Name	Seiten	Fundort, Datum, Bemerkung
❑	Höckerschwan	20, **86**	
❑	Kampfläufer	61, **125**	
❑	Kiebitz	49, **114**	
❑	Kiebitzregenpfeifer	47, **112**	
❑	Knutt	64, **127**	
❑	Kormoran	44, **109**	
❑	Krabbentaucher	69, **132**	
❑	Krickente	26, **92**	
❑	Küstenseeschwalbe	84, **145**	
❑	Lachmöwe	74, **137**	
❑	Mantelmöwe	79, **140**	
❑	Mittelsäger	37, **102**	
❑	Papageitaucher	68, **131**	
❑	Pfeifente	25, **91**	
❑	Pfuhlschnepfe	56, **120**	
❑	Prachttaucher	40, **106**	
❑	Regenbrachvogel	53, **117**	
❑	Reiherente	29, **95**	
❑	Ringelgans	22, **88**	
❑	Rotschenkel	59, **123**	
❑	Säbelschnäbler	46, **111**	
❑	Samtente	35, **100**	

✓	Name	Seiten	Fundort, Datum, Bemerkung
☐	Sanderling	65, **128**	
☐	Sandregenpfeifer	50, **115**	
☐	Schellente	36, **101**	
☐	Seeregenpfeifer	52, **116**	
☐	Sichelstrandläufer	66, **129**	
☐	Silbermöwe	77, **139**	
☐	Spießente	28, **94**	
☐	Steinwälzer	63, **126**	
☐	Sterntaucher	39, **105**	
☐	Stockente	27, **93**	
☐	Sturmmöwe	75, **138**	
☐	Tordalk	70, **133**	
☐	Trauerente	34, **99**	
☐	Trottellumme	71, **134**	
☐	Uferschnepfe	55, **119**	
☐	Waldschnepfe	57, **121**	
☐	Weißwangengans	23, **98**	
☐	Zwergmöwe	73, **136**	
☐	Zwergseeschwalbe	80, **142**	

Liste der wissenschaftlichen Namen

Alca torda – Tordalk
Anas crecca – Krickente
Anas penelope – Pfeifente
Anas platyrhynchos – Stockente
Anser anser – Graugans
Arenaria interpres – Steinwälzer
Aythya fuligula – Reiherente
Aythya marila – Bergente
Branta bernicla – Ringelgans
Branta leucopsis – Weißwangengans
Bucephala clangula – Schellente
Calidris alba – Sanderling
Calidris alpina – Alpenstrandläufer
Calidris canutus – Knutt
Calidris ferruginea – Sichelstrandläufer
Charadrius alexandrinus – Seeregenpfeifer
Charadrius hiaticula – Sandregenpfeifer
Clangula hyemalis – Eisente
Cygnus cygnus – Singschwan
Cygnus olor – Höckerschwan
Fratercula arctica – Papageitaucher
Fulmarus glacialis – Eissturmvogel
Gavia arctica – Prachttaucher
Gavia stellata – Sterntaucher
Haematopus ostralegus – Austernfischer
Hydrocoloeus minutus – Zwergmöwe
Larus argentatus – Silbermöwe
Larus canus – Sturmmöwe
Larus fuscus – Heringsmöwe
Larus marinus – Mantelmöwe
Larus ridibundus – Lachmöwe
Limosa lapponica – Pfuhlschnepfe
Limosa limosa – Uferschnepfe
Melanitta fusca – Samtente
Melanitta nigra – Trauerente
Mergus merganser – Gänsesäger
Mergus serrator – Mittelsäger
Numenius arquata – Großer Brachvogel
Numenius phaeopus – Regenbrachvogel
Phalacrocorax carbo – Kormoran
Phasianus colchicus – Fasan
Philomachus pugnax – Kampfläufer
Plautus alle – Krabbentaucher
Pluvialis apricaria – Goldregenpfeifer
Pluvialis squatarola – Kiebitzregenpfeifer
Recurvirostra avosetta – Säbelschnäbler
Rissa tridactyla – Dreizehenmöwe
Scolopax rusticola – Waldschnepfe
Somateria mollissima – Eiderente
Sterna hirundo – Flussseeschwalbe
Sterna paradisaea – Küstenseeschwalbe
Sterna sandvicensis – Brandseeschwalbe
Sternula albifrons – Zwergseeschwalbe
Sula bassana – Basstölpel
Tadorna tadorna – Brandgans
Tringa erythropus – Dunkler Wasserläufer
Tringa nebularia – Grünschenkel
Tringa totanus – Rotschenkel
Uria aalge – Trottellumme
Vanellus vanellus – Kiebitz

NEU

Klaus Janke

Schnecken, Muscheln & Tintenfische an Nord- und Ostsee

Finden und Bestimmen

Einfach und verständlich beschreibt der Verfasser, einer der besten Kenner maritimer Mollusken, anhand von detailgenauen Fotos und Zeichnungen, was die Strände von Nord- und Ostsee an Artenreichtum zu bieten haben. So wird jeder Strandspaziergang zu einem spannenden (Sammel)Erlebnis. Völlig neu ist, dass anhand einer enthaltenen Artenliste die Funde notiert und damit die Sammlung gezielt vervollständigt werden kann.

1. Auflage 2010, 176 S., 150 farb. Abb., 40 Strichabb., kt., mit Schutzeinband

ISBN: 978-3-494-01456-2
Best.-Nr.: 494-01456

€ 14,95

Quelle & Meyer Verlag GmbH & Co. · Industriepark 3 · 56291 Wiebelsheim
E-Mail: vertrieb@quelle-meyer.de · Internet: www.verlagsgemeinschaft.com

NEU

Leonardo Brosio
Merk- und Skizzenbuch für Vogelbeobachter
AULA
Notiz Nr.:
Flügelspannweite:
Datum/Ort:
Vogelart:
Notiz Nr.:
Größe in cm:
Flügelspannweite: